东北典型森林叶面积指数的计量研究

刘志理　金光泽　著

科学出版社

北京

内 容 简 介

本书针对森林生态系统叶面积指数(leaf area index，LAI)测定方法中存在的问题，以东北地区的阔叶红松林、谷地云冷杉林、白桦次生林、阔叶混交林、红松人工林和兴安落叶松人工林为研究对象，基于经典的凋落物直接测定法，结合生长季节的叶物候调查，提出了一种适于测定以上不同森林类型 LAI 动态变化的直接法；以该方法的测定结果为参考，从时间和空间尺度上评估了半球摄影法(digital hemispherical photography，DHP)和 LAI-2000 植物冠层分析仪法两种被广泛应用的光学仪器法测定 LAI 的精度，并探讨了两种提高 DHP 和 LAI-2000 测定不同森林类型 LAI 及其动态变化精度的方案，最后分析了不同森林类型 LAI 的年际动态和空间格局。

本书可供从事林学、生态建设和恢复，以及森林经理学的科研、教学、工程技术人员和相关专业大专院校学生参考。

图书在版编目（CIP）数据

东北典型森林叶面积指数的计量研究/刘志理，金光泽著. —北京：科学出版社，2016.3

ISBN 978-7-03-047333-2

I. ①东··· II. ①刘···②金··· III. ①森林–叶面积–指数–计量–研究–东北地区 IV. ①S718.55

中国版本图书馆 CIP 数据核字（2016）第 026717 号

责任编辑：张会格/责任校对：邹慧卿
责任印制：张　伟/封面设计：刘新新

科 学 出 版 社 出版

北京东黄城根北街16号
邮政编码：100717
http://www.sciencep.com

北京教图印刷有限公司 印刷

科学出版社发行　各地新华书店经销

*

2016 年 3 月第 一 版　开本：720×1000　B5
2016 年 3 月第一次印刷　印张：10 7/8
字数：219 000

定价：78.00 元

（如有印装质量问题，我社负责调换）

前　言

陆地生态系统对全球气候变化的响应机制及其应对策略是近年来的研究热点，同时也是众多学者面临的严峻挑战。森林生态系统是陆地生态系统的重要组成部分，而植被冠层对气候变化具有很强的敏感性，因此，如何合理、有效地量化植被冠层的结构和功能特性及其动态变化成为了一个亟待解决的问题。

叶面积指数（leaf area index，LAI）是量化森林生态系统植被冠层结构特性最常用的参数之一，是林冠内部和林冠下微气象形成的驱动因子。它控制着森林生态系统内部的许多生理生态过程，如植物光合作用、蒸腾作用、林冠截留降雨、大气与林冠间物质及能量的交换过程等；尤其 LAI 的动态变化是植被对气候变化的指示器，因此，快速、准确地测定 LAI 的动态变化对于了解森林生态系统对气候变化的响应机制至关重要。

目前， LAI 的地面测定方法主要分为直接法和间接法两类。直接法虽然方法经典、技术成熟、测量准确，然而费时费力，且多具有破坏性，很难胜任森林生态系统 LAI 的动态变化监测。相对而言，间接法（光学仪器法）因其方便、快捷，经常用于测定森林生态系统的 LAI 及其动态变化，然而，因其自身局限性，该方法的测定精度常需要校准。因此，提出在非破坏性条件下适于测定不同森林类型 LAI 动态变化的直接法，以及提高光学仪器法测定 LAI 精度的解决方案是森林生态系统 LAI 测定方法中的焦点问题。

本书以我国东北地区的典型森林为研究对象，包括地带性顶极群落原始阔叶红松（*Pinus koraiensis*）林、非地带性顶极群落谷地云冷杉林、天然更新的白桦（*Betula platyphylla*）次生林和阔叶混交林，以及红松人工林和兴安落叶松（*Larix gmelinii*）人工林，提出一种适于测定不同森林类型 LAI 动态变化的直接法；以此结果为参考值，从时间和空间尺度上评估光学仪器法测定不同森林类型 LAI 的精度，并探讨两种提高光学仪器法测定 LAI 精度的方案，旨在为快速、准确地测定森林冠层的 LAI 及其动态变化提供解决方案，进一步为研究森林生态系统对气候变化的响应机制提供数据支持和科学依据，以及为日后该区域森林生态系统的经营管理提供参考。

本书是"十二五"国家科技支撑计划项目（2011BAD37B01）、国家自然科学基金（31270473）及长江学者和创新团队发展计划资助项目（IRT_15R09）的研究成果。借本书出版之际，感谢东北林业大学林学院王传宽教授审阅本书，并提出修改意见；感谢加拿大多伦多大学陈镜明教授在数据处理方面给予的大量帮助；感谢东北林业大学林学院王兴昌老师在帽儿山外业调查中给予的大力支持及帮助；感谢东北林业大学林学院孙志虎老师在软件应用方面给予的帮助；感谢黑龙江凉水国家级自然保护区的各位领导和职工在外业调查期间给予的大量帮助；感谢刘妍妍博士、刘亮硕士、戚玉娇博士、蔡慧颖博士、史宝库博士、刘建才硕士、徐丽娜硕士、王宝琦硕士、周明硕士、毛宏蕊硕士、陈镜园硕士和田鹏硕士的帮助和支持。

　　由于作者水平有限，书中难免有不足之处，敬请读者不吝赐教。

作　者

2015 年于哈尔滨

目　　录

1 绪 论

1.1 叶面积指数的定义

叶面积指数（leaf area index，LAI）有多种定义方法，大体可分为 4 种：①地表单位面积上单面叶面积的总和（Watson，1947）；②地表单位面积上冠层叶片垂直投影到水平面上的面积总和（Bolstad and Gower，1990；Smith et al.，1991）；③地表单位面积上冠层叶片垂直投影到水平面上的最大投影面积（Myneni et al.，1997）；④地表单位面积上总叶片表面积（双面或多面）的一半（Chen and Black，1992）。前 3 种定义因自身的局限性均不适于描述具有不规则形状的针叶叶片，如定义①通常用于描述叶片平整（双面）的阔叶植物；定义②忽略了投影角度的问题；定义③受消光系数的限制；定义④不仅适用于阔叶植物，还考虑了针叶叶片的不规则特性（多面），故也适用于针叶植物。因此，目前的多数研究采用第4 种定义方法（Chen and Black，1991；Chen et al.，1991；Fassnacht et al.，1994；Weiss et al.，2004）。

1.2 叶面积指数的应用

LAI 是描述森林冠层结构特性最重要的因子之一（Beadle，1997；Pinto-Júnior et al.，2011），是林冠内部和林冠下微气象形成的驱动因子；它控制着森林生态系统内部的许多生理生态过程，如植物光合作用、蒸腾作用、林冠截留降雨、大气与林冠间物质及能量的交换过程（Maass et al.，1995；Cutini et al.，1998；Chen et al.，1999；Dermody et al.，2006；Ryu et al.，2012）。LAI 是模拟森林生态系统碳、水循环的重要输入参数（Chen et al.，1999；Weiss et al.，2004；Bequet et al.，2011），也是解释地上净初级生产力产生变异的重要因子（Gower et al.，1999；Guillemot et al.，2014）。尤其是 LAI 的动态变化，能够预测森林的未来生长量，指示林冠结构对竞争、疾病和气候变化的响应（McWilliam et al.，1993；Coops et al.，2004；Zhang et al.，2014）。因此，LAI 的准确测定对于我们了解从叶片水平到森林冠层水平上的植被生长的生理机制至关重要，对于深入研究森林生态系统的结构和功能特性具有重要意义（Running and Coughlan，1988；Iio et al.，2014）。此外，Watson（1947）认为植物叶面积的变化是其收获量差异的重要原因之一，因此，LAI 逐渐成为农作物和果树生理生态研究和良种选育的一个重要参数并得到广泛应用（王希群等，2005）。

1.3 　叶面积指数的测定方法

LAI 的地面测定方法主要包括直接法和间接法（Chen et al.，1997；Kussner and Mosandl，2000；Bréda，2003；Jonckheere et al.，2004）。其中，直接法技术成熟，测定准确，其测定值通常被认为是真实 LAI（Gower et al.，1999；邹杰和阎广建，2010）；而间接法操作简便，易于实施，经常用于测定不同森林生态系统的 LAI 及其动态变化，但其精度通常需要校准（Arias et al.，2007；Liu et al.，2015a）。

1.3.1 　直接法的类型及特性

直接法测定 LAI 主要包括破坏性取样法（Chason et al.，1991；Chen，1996）、异速生长方程法（Marshall and Waring，1986；Neumann et al.，1989；曾小平等，2008）、斜点样方法（Wilson，1960；任海和彭少麟，1997）和凋落物法（Neumann et al.，1989；Bouriaud et al.，2003；Sprintsin et al.，2011）。

1.3.1.1 　破坏性取样法

破坏性取样法是将研究样地内所有树木的叶片通过采伐的方式全部取下，然后测定所有叶片的总叶面积，再除以样地面积而得到 LAI（Gower et al.，1999；Bréda，2003），该方法直接、有效。然而，破坏性取样法更适于测定草原生态系统（王猛等，2011）或农田生态系统的 LAI（Liu et al.，2013），或是小范围样地的 LAI，很难用于测定具有高大复杂林冠结构的森林生态系统的 LAI，因其不仅费时费力，而且具有破坏性。

1.3.1.2 　异速生长方程法

异速生长方程法是先在研究样地内选择标准木，通过破坏性取样得到叶面积与胸径或胸高处、基部边材区域直径间的相关关系，或者直接建立 LAI 与胸径、胸高断面积（basal area，BA）等林木因子的相关关系，然后依据该相关性进而测定整个样地内的 LAI（Grier and Waring，1974；Smith et al.，1991；Jonckheere et al.，2005a；Calvo-Alvarado et al.，2008）。相对于破坏性取样法，该方法避免了大面积地损坏森林生态系统，在一定程度上减轻了工作量，然而该方法仍存在一定程度的破坏性，而且受林分特性，如地域、树种、林龄、密度等的限制（Chen and Cihlar，1995a；Küßner and Mosandl，2000），因此，某一区域的异速生长方程法普遍适用性较差，而且该方法很难用于测定不同森林生态系统 LAI 的动态变化。

1.3.1.3　斜点样方法

斜点样方法由植被盖度测定法改进而成，主要步骤为：选择样点，然后用一头尖的细棒以不同的天顶角和方位角插入植被冠层，通过记录细棒从冠层顶部通过冠层一直到达底部的过程中与这根针尖相接触的叶片的数目来计算 LAI（Wilson，1960；任海和彭少麟，1997；Thomas and Winner，2000）。该方法虽然不具有破坏性，但为保证测量精度需要足够大的样本数量，尤其是测定森林生态系统的 LAI 时，实施难度很大（向洪波等，2009）。

1.3.1.4　凋落物法

凋落物法是指在落叶季节通过收集凋落叶来计算 LAI（Neumann et al.，1989；Bouriaud et al.，2003；Jonckheere et al.，2004）。通常先在样地内设置一定数量的固定面积的凋落物收集器，且具有一定深度（为防止凋落叶被风吹出凋落物收集器）（Jonckheere et al.，2004）。根据研究需要，可采用不同的收集周期。若只关注叶面积最大时期的 LAI，可以在落叶结束后一次性收集凋落叶（Raffy et al.，2003），累加落叶季节所有凋落叶，测定其干重后结合比叶面积（specific leaf area，SLA）转化为叶面积，再除以凋落物收集器的面积即可得到叶面积最大时期的 LAI（Neumann et al.，1989；Bréda，2003），但该收集方案中要注意保持凋落物收集器的通风性良好，且避免凋落物收集器的底部接触地面，因为这些因素易导致凋落叶腐烂而影响 LAI 的测定精度；若每隔一定周期收集凋落物收集器内的凋落叶（Cutini et al.，1998；Bouriaud et al.，2003；Eklundh et al.，2003），既可得到叶面积最大时期的 LAI，同时也能得到落叶季节 LAI 的动态变化。这种方法在落叶森林类型中得到了广泛的应用。

在一定的研究区域内，凋落物收集器的数量越多则其测定 LAI 的精度越高（Aussenac，1969；McShane et al.，1993）。McShane 等（1993）认为应该在林冠下随机设置凋落物收集器，而 Dufrene 和 Bréda（1995）认为应该按照系统抽样的方案设置凋落物收集器，也有学者倾向于样带方案设置法（Battaglia et al.，1998）。Neumann 等（1989）的研究表明，在合理的空间和时间设计方案下，凋落物法在落叶森林中具有重要的应用价值。Morrison（1991）报道，设置 30 个面积为 1 m^2、高度为 1 m 的凋落物收集器测定落叶林的 LAI，精度可达 95%。Cutini 等（1998）在落叶林里随机布设 9~28 个面积为 0.25 m^2 或 0.15 m^2 的凋落物收集器来收集落叶，进而结合 SLA 测定其 LAI。Clough 等（2000）在红树（*Rhizophora apiculata*）林内仅利用 3 个 1 m^2 的凋落物收集器来收集落叶以计算其 LAI。Eriksson 等（2005）在 5000~10 000 m^2 的落叶阔叶林内设置了 10 个面积约为 0.2 m^2 的凋落物收集器来测定其最大时期的 LAI。刘志理和金光泽（2013）在 60 m×60 m 的白桦（*Betula*

platyphylla）次生林内随机布设了 20 个面积为 1 m² 的凋落物收集器来测定其 LAI
的动态变化。郭志华等（2010）以落叶阔叶人工林和天然林为例，详细阐述了随
机收集凋落叶测定 LAI 的方案并评估了其测定误差，研究表明，若确保 1 hm² 样
地的 LAI 测定精度高于 80%，需随机布设 1 个 10 m×10 m 的样方；对于 10 m×
10 m 的样地需要将该样地划分为 4 个相邻的 5 m×5 m 的小样方，在每个小样方
内随机布设 6 个或 11 个 1 m² 的样方收集凋落叶，可以保证在 99% 概率水平上，
该样地 LAI 的测定精度分别高于 90% 和 94%。然而，关于如何选择随机布设或系
统规则布设凋落物收集器并能快速、准确地测定 LAI 的研究尚少。

　　相对于破坏性取样法和异速生长方程法，凋落物法不具有破坏性，易于实施，
但该方法无法获得 LAI 的垂直结构特性，而前两种方法若设计合理可达到该目标。

1.3.2　直接法的研究现状

　　虽然直接法测定的 LAI 更加接近真实值，但直接法的实施难度较大，费时费
力，因此，该方法的测定值多用于校准其他方法的测定值。目前，在国内外的研
究中，破坏性取样法、异速生长方程法和斜点样方法多用于森林生态系统某一时
期 LAI 的测定。例如，李文华和罗天祥（1997）利用异速生长方程法测定了云冷
杉林的 LAI；任海和彭少麟（1997）利用破坏性取样法和斜点样方法分别测定了
季风常绿阔叶林、针阔混交林和针叶林的 LAI；曾小平等（2008）利用叶面积和
胸径间的异速生长方程测定了鹤山丘陵马占相思（*Acacia mangium*）林、针叶林
和荷木（*Schima superba*）林 3 种人工林的 LAI；李轩然等（2007）建立了胸径和
叶子生物量的方程，再结合 SLA 测定了湿地松（*Pinus elliotii*）林、马尾松（*Pinus
massoniana*）林和杉木（*Cunninghamia lanceolata*）林的 LAI；Gower 和 Norman
（1991）通过叶面积和胸径间的异速生长方程测定了挪威云杉（*Picea abies*）的
LAI；Guiterman 等（2012）通过叶面积与边材面积的异速生长方程测定了美国白
松（*Pinus strobus*）人工林的 LAI，并发现凋落物法测定的 LAI 与各树种的 BA 呈
线性关系；Jonckheere 等（2005a）通过叶面积和 BA 间的异速生长方程测定了欧
洲赤松（*Pinus sylvestris*）林的 LAI；Mason 等（2012）通过异速生长方程法测定
了新西兰松树林的 LAI。

　　然而，破坏性取样法和异速生长方程法均很难用于监测不同森林生态系统
LAI 的动态变化（Jurik et al.，1985；Pierce and Running，1988；Macfarlane et al.，
2007b）。相对而言，凋落物法不仅能用于监测森林生态系统某一时期的 LAI（Le
Dantec et al.，2000；Liu et al.，2015c），也能用于 LAI 季节变化的监测（Nasahara
et al.，2008；Liu et al.，2012）。只是在以往的研究中，凋落物法常用于测定落叶
林的 LAI（Chason et al.，1991；Mussche et al.，2001；Eriksson et al.，2005；Chianucci
and Cutini，2013），或是落叶季节 LAI 的动态变化（苏宏新等，2012；Qi et al.，

2013），因为常绿林或是针阔混交林的林冠中一直存在叶片，仅依靠收集当年凋落叶片计算的 LAI 并不能反推得到整个林冠的总 LAI（Chen et al.，1997）。然而，近年来利用一定周期内（如 1 年）凋落叶产生的 LAI 乘以常绿树种的平均叶寿命来获得整个常绿林叶面积最大时期的 LAI 的方法（即凋落物法）得到了广泛应用（Sprintsin et al.，2011；Guiterman et al.，2012；Reich et al.，2012；刘志理和金光泽，2014；王宝琦等，2014），这为利用凋落物法测定常绿林或针阔混交（主要是指常绿针叶树种和落叶阔叶树种混交）林 LAI 的季节变化奠定了基础。然而，仅依靠凋落物法只能监测落叶季节（9~11 月）LAI 的动态变化，无法获得生长季节（5~8 月）的 LAI。Nasahara 等（2008）通过监测生长季节不同树种的叶面积生长速率结合落叶季节的凋落物收集，获得了落叶阔叶林 LAI 的季节动态（5~11月）。基于该原则，刘志理等（2014）介绍了一种结合展叶调查和凋落物法直接测定针阔混交林 LAI 季节变化的方法，该方法为在非破坏性条件下直接测定针阔混交林或常绿针叶林 LAI 的动态变化提供了参考。

虽然，基于凋落物法能够测定不同森林生态系统（常绿林、落叶林和针阔混交林）LAI 的季节变化（Nasahara et al.，2008；Liu et al.，2015a，2015d），但是，相对于光学仪器法（间接法），凋落物法仍费时费力，因此，如何改进凋落物法使之更快捷、有效地测定森林生态系统的 LAI 具有重要的现实意义。对于凋落物法，SLA 是影响凋落物法测定 LAI 精度的决定因子（Bouriaud et al.，2003；Ishihara and Hiura，2011；Majasalmi et al.，2013）。不同树种之间，尤其是针叶树种与阔叶树种之间的 SLA 存在较大差异（Meziane and Shipley，1999；Hoch et al.，2003；Schulze et al.，2006；Long et al.，2011），叶片在树冠中所处的位置不同，其 SLA也可能存在一定差异（Cermak，1988；Reich et al.，1991；Gunn et al.，1999；Marshall and Monserud，2003；Sellin and Kupper，2006），同一树种的 SLA 随季节变化也存在一定的差异（Lewandowska and Jarvis，1977；Penuelas and Matamala，1990；Simioni et al.，2004；Ishihara and Hiura，2011），此外，SLA 还受树木个体大小或树龄（Liu et al.，2010；Karavin，2013）、立地指数（Bedecarrats and Isselin-Nondedeu，2012；Eimil-Fraga et al.，2015）、生境或气候变化（Yin，2002；Marron et al.，2003；Matsoukis et al.，2007；Wuytack et al.，2011），以及常绿针叶受其针叶年龄（Borghetti et al.，1986；Pensa and Sellin，2002；Wang et al.，2006；Eimil-Fraga et al.，2015）等因素的影响，因此，为提高凋落物法测定 LAI 的准确性，在测定SLA 时以上因素均应考虑。

为相对准确地测定整个林分的 LAI，各主要树种的 SLA 均需要测定，而不能用不同树种的平均 SLA 代替（Kalácska et al.，2005）。这就需要把收集的凋落叶按树种分类，然而不同树种凋落叶的鉴别分类需要一定的专业技能，且耗费时间，尤其是物种丰富的原始林（Ishihara and Hiura，2011）。Nasahara 等（2008）建议利用各树种的 BA 占所有树种总 BA 的比例代替凋落物收集器中各树种的叶凋落量占总叶量的比例来分配凋落叶。这种利用林木因子等信息来预测各树种凋落叶的方法，极大地提高了凋落物法的有效性。林木的每木检尺主要是指测定林分内树木的树种、胸径、树高、坐标等林木因子，这些因子不仅能提供树种组成、树种优势度，还能提供每棵树在林分内的空间信息。

1.3.3　间接法的类型及特性

间接法通常包括顶视法和底视法。顶视法是指通过传感器自上而下测量，如通过遥感手段根据地被物的反射光谱特征来反演 LAI，该方法适于大尺度空间范围内 LAI 及其动态变化的监测，然而该方法需要利用地面实测数据对其进行校准（Chen and Cihlar，1996；Myneni et al.，1997；Garrigues et al.，2008；Groenendijk et al.，2011；Xiao et al.，2012），该方法不在本书的研究范畴内。底视法主要是指借助光学仪器自下而上测量，根据辐射传输定理，通过测定林冠结构参数反演得到 LAI（Ross，1981；Ross et al.，1986），该方法因方便、快捷，广泛应用于不同森林生态系统 LAI 的时空动态监测（Balster and Marshall，2000；Sampson et al.，2003；Chai et al.，2012；Capdevielle-Vargas et al.，2015）。

1.3.3.1　光学仪器法计算叶面积指数的理论背景

大部分光学仪器法不能有效区分叶片和木质部（如树干、树枝），反演 LAI 过程中将木质部看作叶片而高估了 LAI；而且利用光学仪器法反演 LAI 时需假设冠层内的叶片随机分布，然而大部分树种的叶片并非随机分布，而是存在一定的集聚现象，光学仪器法因忽略集聚效应而低估了 LAI（Chen，1996；Kucharik et al.，1998；Barclay et al.，2000；Mason et al.，2012）。因此，光学仪器法反演得到的 LAI 并非真实的 LAI，而是有效 LAI（L_e）（Chen and Black，1992）或有效植被面积指数（effective plant area index，PAI_e）（Zou et al.，2009），本书中将光学仪器法直接测定的 LAI 称为 L_e。大部分光学仪器基于透过林冠的辐射来测定林隙分数，再根据米勒定理（Miller，1967）由林隙分数反演得到 L_e：

$$L_e = 2 \int_0^{\pi/2} \ln[\frac{1}{P(\theta)}]\cos\theta\sin\theta\mathrm{d}\theta \tag{1-1}$$

式中，$P(\theta)$ 为可视天顶角 θ 下的冠层林隙分数，θ 为天顶角。虽然该式最初用于计算 LAI，但 Chen 等（1991）将式 1-1 的计算结果看作 L_e，因为林冠内的叶片在空间上通常并非随机分布。Nilson（1971）利用式 1-2 计算林隙分数：

$$P(\theta) = \exp[-G(\theta)\Omega LAI_t/\cos\theta] \tag{1-2}$$

式中，$G(\theta)$ 为消光系数，用于量化叶倾角的分布特性；LAI_t 为总 LAI，即林冠中所有植被组分（树叶、树干和树枝等）产生的 LAI，因此，LAI_t 也称为植被面积指数（plant area index，PAI）；Ω 为集聚指数，用于量化冠层内部各组分空间上的集聚效应。当叶片在空间上呈随机分布时，Ω 的值为 1.0；当叶片在空间上呈规则分布时，Ω 的值大于 1.0；当叶片在空间上聚集分布时，Ω 的值小于 1.0。通常来讲，林冠中的叶片在空间上呈一定的聚集分布模式，因此，Ω 值被认为是量化这种集聚效应的一个参数。$P(\theta)$、$G(\theta)$ 和 ΩLAI_t 能被同时计算。当 Ω 为未知数时，通过林隙分数只能计算 Ω 和 LAI_t 的乘积，即有效 LAI（L_e）（Chen et al.，1991；Chen，1996）。

因为大部分光学仪器通过林隙分数获得的是 L_e，因此，Chen（1996）提出通过式 1-3 可以获得 LAI：

$$LAI = \frac{(1-\alpha)L_e}{\Omega} \qquad (1-3)$$

式中，α 为木质比例，即木质部的面积占总叶面积（包括木质部和叶片）的比例。光学仪器通常是在地表向上采集辐射数据，因此，仪器以上空间内所有物质（包括绿叶、树枝、树干及树干上的青苔等附着物）产生的辐射数据均被用于计算 LAI。因此，利用（$1-\alpha$）来消除非叶物质（即木质部）的影响，这种简单的去除方式是假设木质部呈随机分布的模式，而这种假设在计算 LAI 时会产生轻微的偏差（Chen et al.，1997）。

对于针叶树种，针叶的集聚效应存在于不同的等级上，如针簇（簇是指针叶附着的最小枝）、枝、树冠，而簇被认为是针叶树种影响辐射传输的基本叶单位（Norman and Jarvis，1975；Oker-Blom，1986；Leverenz and Hinckley，1990；Fassnacht et al.，1994；Chen et al.，1997），因为光学仪器很难观测到簇内所有针叶间的空隙，所以 Ω 应该分为以下两部分：

$$\Omega = \frac{\Omega_E}{\gamma_E} \qquad (1-4)$$

式中，Ω_E 主要用于量化大于针簇水平上的集聚效应，其值随着集聚效应的增大而减小；而 γ_E 为针簇比，常用于量化针簇内部的集聚效应，其值随集聚效应的增大而增大（Chen et al.，1997）。

1.3.3.2　主要光学仪器设备

近年来，被广泛应用的光学仪器设备主要包括半球摄影系统、LAI-2000/2200 植物冠层分析仪（以下简称 LAI-2000/LAI-2200，其中 LAI-2200 是 LAI-2000 的升级版）、TRAC（tracing radiation and architecture of canopies）、CI-110 植物冠层分析仪、DEMON、Sunfleck Ceptometer 等，其中 DHP 和 LAI-2000 因能同时观测

不同天顶角范围内的林冠结构参数,在目前测定 LAI 时被广泛应用(Ferment et al.,
2001;Macfarlane et al.,2007b;马泽清等,2008;赵传燕等,2009a;Thimonier et
al.,2010;Chianucci and Cutini,2012;Majasalmi et al.,2012;刘志理和金光泽,
2012;Chianucci et al.,2014a),本书重点介绍这两种光学仪器法。

（1）半球摄影法

半球摄影法(digital hemispherical photography,DHP)也可称为鱼眼镜头法。
半球镜头首次被 Hill(1924)提出,用于研究云层的构造。Evans 和 Coombe(1959)
首次将鱼眼镜头应用于林学研究中,利用半球图像来描述森林冠层下的光环境要
素。Anderson(1964,1971)利用鱼眼照片来计算太阳辐射中的直射光和散射光
的组分。接下来的很长一段时间,胶片状的鱼眼照片经常被用于估测林冠结构和
性能(Bonhomme et al.,1974;Anderson,1981;Chan et al.,1986;Wang and Miller,
1987),然而,受理论和技术方面的限制,该方法计算复杂,费时费力,很难被
广泛应用(Bréda,2003;Macfarlane et al.,2007a)。近年来,数码技术和照片
处理软件的商业化得到了快速发展,这使得利用 DHP 来间接地量化森林冠层的结
构性能得到了广泛应用(Bréda,2003;Jarčuška et al.,2010;Ryu et al.,2010a,
2010b;Chianucci and Cutini,2012)。相对于胶片相机,数码相机极大地简化了
照片的采集和处理过程(Macfarlane,2011)。DHP 方法能够永久地保存冠层信
息,以及数据的采集时间、地点等(Coops et al.,2004;Leblanc et al.,2005),
为日后的再处理奠定了基础。DHP 方法采用视场角接近或等于 180°的鱼眼镜头摄
影,将整个半球空间投影在影像水平面上成像(图 1-1)(Rich,1990;邹杰和阎
广建,2010)。

图 1-1 半球图像（彩图请扫封底二维码）

Fig. 1-1　Hemispherical image（Scanning QR code on back cover to see color graph）

　　许多学者在早期研究中经常采用自动模式处理半球照片来计算 LAI（Bonhomme and Chartier，1972；Bonhomme et al.，1974；Anderson，1981；Wang and Miller，1987），这种方法总是利用泊松模型反推得到 LAI。Mussche 等（2001）的研究表明，利用指数模型来模拟光消失进而计算 LAI 是不合理的，这会造成 LAI 的低估，但同时强调一部分低估现象也可能是采集照片时的曝光设置引起的。随着科学技术的发展，越来越多的研究表明，曝光设置是影响 DHP 测定 LAI 精度的一个重要因素。例如，在郁闭度较高的林分内设置为自动曝光，经常会因曝光过度而造成部分叶片颜色变白，使得光学仪器无法识别，进而低估 LAI（Chen et al.，1991；Englund et al.，2000；Macfarlane et al.，2014，2000；Beckschäfer et al.，2013；Song et al.，2013）。 Zhang 等（2005）的研究表明，在中高密度的林冠下，DHP 在自动曝光状态下测定的 LAI 比 LAI-2000 的测定值低估约 40%。DHP 测量冠层漫散射辐射时，测量精度受太阳直射光的影响明显，其最佳观测时间为阴天或日出和日落前后。半球图像处理软件在处理图像时需要把叶面积和天空面积有效区分开，这就需要合理设置阈值，因此，阈值的选择也是影响 LAI 精度的关键因素之一（Chen et al.，1991；Wagner，1998；Jonckheere et al.，2004，2005b；Cescatti，2007）。如何确定阈值，国内外学者进行了大量研究，如 Wagner（1998）提出的二阶阈值法线性内插分解混合像元，Juárez 等（2009）提出的直方图法等。然而，也有学者指出如果采集半球图像的数码相机的分辨率足够高，阈值的重要性将下降，因为相对于低分辨率相机，高分辨率相机采集的图像中混合像素（指天空和叶片混合的部分）出现的频率将显著降低（Blennow，1995）。近年来，随着 DHP 的广泛应用，其半球图像的处理软件也得到长足的发展（Becker et al.，1989；Baret et al.，1993；Rich et al.，1993；Nackaerts，2002；Weiss，2002；Chen et al.，2006），主要包括：Hemiview（Delta-T Devices Ltd.，Cambridge，UK）、WinScanopy（Regent Instruments Inc.，Quebec，Canada）、GLA（Cary Institute of Ecosystems Studies，Millbrook，New York，US）、EYE-CAN（French National Institute of Agronomical Research）及 DHP 4.5.2（Leblanc et al.，2005）。

　　（2）LAI-2000 植物冠层分析仪法

　　LAI-2000 是由美国 LI-COR 公司研发的 LAI 测量仪，它配备具有 148°视场角的鱼眼镜头，从 5 个不同角度的天顶角（每个角度约覆盖 15°的圆环，中心角度分别为 7°、23°、38°、53°和 68°）方向测定冠层上下（或内外）光强的变化，并通过制备冠层内的辐射传播模型来计算冠层的 LAI。这种方法在计算 LAI 时包含 4 种假设理论：①叶片是黑色的，假设冠层下的读数不包括叶片对任何光的反射和散射；②冠层中叶片在空间上呈随机分布的模式；③每个同心环上检测器的检测区域远远大于叶片的大小，测定 LAI 时要确保传感器距离最近叶片的距离大于叶片最大宽度的 4 倍以上；④叶片的方位角在空间上的排列是随机的，即所有叶片并非朝向同一个方向（LI-COR，1992；Jonckheere et al.，2004）。

利用 LAI-2000 测定 LAI 对天气条件的要求同 DHP 一样，因天气状况变化是瞬时的，所以，最好两台仪器同时使用，一台仪器用于测定天空中的辐射数据，即天空辐射参考值，另一台同时测定冠层下的辐射数据。然而，对于密度较高的或是地形复杂的森林类型，该天空辐射参考值很难获取，这在一定程度上限制了 LAI-2000 的应用范围。相对而言，DHP 不受该限制影响。LAI-2000 采集的数据目前多采用 C2000.exe 和 FV2200（适用于 LAI-2200 和 LAI-2000）软件处理。

虽然光学仪器法存在一定的局限性，但利用该方法测定不同森林类型的 LAI 及其季节动态仍具有很大的潜力，因此，提高光学仪器法测定 LAI 的准确性对该方法的普及和应用具有重要意义。

1.3.4　间接法的应用

近年来，国内外利用光学仪器法测定 LAI 的研究较多。例如，陈厦和桑卫国（2007）应用 DHP 分析了暖温带地区 3 种森林群落 LAI 的季节动态；吕瑜良等（2007）利用 LAI-2000 测定了生长季节川西亚高山暗针叶林 LAI 的时间动态；赵传燕等（2009b）利用 DHP 和 LAI-2000 对青海云杉（*Picea crassifolia*）林冠层 LAI 进行了测定；姚丹丹等（2015）利用 DHP 测定了云冷杉针阔混交林的 LAI；Chen 等（1997）利用 DHP 和 LAI-2000 测定了北方针叶林的 LAI；Eriksson 等（2005）利用 LAI-2000 测定了瑞典阔叶混交林的 LAI；Macfarlane 等（2007b）利用 DHP 测定了桉树（*Eucalyptus globulus*）林的 LAI；Thimonier 等（2010）利用 DHP 和 LAI-2000 测定了瑞士不同成熟林的 LAI；Olivas 等（2013）利用 DHP 和 LAI-2000 测定了热带雨林的 LAI；Chianucci 等（2014a）利用 DHP 测定了意大利不同阔叶混交林的 LAI。

虽然利用光学仪器法测定不同森林类型的 LAI 已得到普遍应用，但其因自身局限性产生的一定误差也得到越来越多的关注。相对于直接法，光学仪器法出现低估 LAI 的现象已得到广泛报道。例如，马泽清等（2008）报道在千烟洲的不同森林类型内利用 CI-110 冠层分析仪和 DHP 间接测定的 LAI 均明显小于异速生长方程法的测定值；郝佳等（2012）报道在华北落叶松（*Larix principis-rupprechtii*）林内 LAI-2000 测定的 LAI 比凋落物法测定值平均低估 29%；王宝琦等（2014）报道在红松（*Pinus koraiensis*）人工林内 DHP 测定的 LAI 比凋落物法测定值平均低估 75.5%；刘志理和金光泽（2014）报道在谷地云冷杉林内 DHP 和 LAI-2000 测定的 LAI 比凋落物法测定值分别低估 40%~48%和 15%~26%；刘志理等（2014）报道在阔叶红松混交林内 DHP 和 LAI-2000 测定的 LAI 比直接法测定值分别平均

低估 55%和 27%；Chason 等（1991）报道在阔叶混交林内 LAI-2000 测定的 LAI
比凋落物法测定值的低估达到 45%；Gower 和 Norman（1991）报道在阔叶林内
LAI-2000 测定的 LAI 比直接法测定值低估 35%~40%；Cutini 等（1998）报道在
阔叶混交林内 LAI-2000 测定的 LAI 比凋落物法测定值平均低估 26.5%；Jonckheere
等（2005a）报道欧洲赤松林内 DHP 和 LAI-2000 测定的 LAI 比直接法测定值分
别平均低估 55%和 52%；Mason 等（2012）报道新西兰松树林内 LAI-2000 测定
的 LAI 比直接法测定值低估 30%~60%。然而，间接法测定值高估 LAI 的现象也
有报道，例如，Deblonde 等（1994）报道在不同北美短叶松（*Pinus banksiana*）
林内 LAI-2000 测定的 LAI 比破坏性取样法高估 21%~41%；Whitford 等（1995）
报道在西澳大利亚稀疏桉树林内 DEMON 和 DHP 测定的 LAI 比破坏性取样法测
定值分别高估 58%和 73%；Liu 等（2015e）报道在帽儿山地区的阔叶混交林内
DHP 测定的 LAI 在展叶初期（5 月初）和凋落末期（10 月末）也出现比凋落物法
测定值高估的现象。以往研究表明，间接法测定 LAI 的精度不仅受森林类型的影
响，也与测定时期密切相关。

1.3.5　如何提高间接法测定叶面积指数的精度

近年来，如何提高间接法测定不同森林类型 LAI 及其动态变化的精度问题备
受关注。总体来说，提高间接法测定 LAI 精度的方法主要分为两类：①有效地量
化间接法测定 LAI 的误差源；②构建直接法和间接法测定的 LAI 间的经验模型。
本研究以 DHP 和 LAI-2000 为例，探讨如何提高光学仪器法测定 LAI 的精度。

1.3.5.1　量化间接法测定叶面积指数的误差源

光学仪器法测定 LAI 的误差源主要包括木质部、冠层内的集聚效应，以及计
算 LAI 时选取的天顶角范围，此外，相对于 LAI-2000，DHP 测定 LAI 的精度还
受采集数据时曝光设置的影响。木质部产生的误差常用木质比例（α）来表示，即
木质指数（woody area index，WAI）占总叶面积指数（木质部和叶片产生的 LAI，
也被称为 PAI）的比例（Bréda，2003）。校正木质部产生的误差通常采用直接法
和间接法。直接法是通过破坏性取样直接获取 WAI 和 PAI，在以往研究中得到普
遍应用，如 Deblonde 等（1994）利用直接法测定了不同针叶林的 α 值；Chen（1996）
同样利用直接法测定北方针叶林的 α 值；然而该方法虽测量准确，但实施难度过
大，且不适宜测定 α 值的季节性变异。间接法中的背景值法是指利用光学仪器在
无叶期测定 LAI，此时的 LAI 被认为是 WAI，然后假设 WAI 在其他时期（有叶
期）不发生变化，用 PAI 直接减去该 WAI 来消除木质部对 LAI 的影响（Cutini et
al.，1998；Eriksson et al.，2005）。相对于直接法，该方法操作简便，易于实施，
但该方法不适于常绿林或针阔混交林，因为其不存在无叶期，而且间接法存在高

估木质部对 LAI 贡献率的现象。由于生长季节随着林冠中叶片数量的增加，部分木质部被叶片遮挡从而减小了其对 LAI 的贡献率，而落叶季节随着林冠中叶片的凋落，被遮挡的木质部重新暴露而增大了木质部对 LAI 的贡献率，因此，木质部对 LAI 的贡献率存在一定的季节性差异。其他学者也有类似报道，如 Dufrêne 和 Bréda（1995）研究表明，WAI 不能直接从 PAI 中剔除从而来计算不同季节木质部对 LAI 的贡献率，且提出 2 种方案：①叶面积最大时期的 LAI 应该利用 PAI 减去树干部分产生的 WAI；②应构建 WAI 随季节变化的递减函数。Kucharik 等（1998）研究表明，林冠中超过 90% 的树枝被叶片所遮挡，对光学仪器法测定 LAI 不产生显著偏差，而树干产生的 WAI 对光学仪器法测定的 LAI 存在显著影响。也有学者通过其他间接法来测定木质部对 LAI 的贡献率，如 Kucharik 等（1997）提出了利用 MVI（multiband vegetation imager）可以区分天空、叶片及木质部等，从而能够测定 LAI，然而该方法在常绿林中存在一定局限性；基于 MVI 的工作原理，Zou 等（2009）提出了 MCI（multispectral canopy imager），其能够测定常绿针叶林中不同天顶角范围内的 WAI；Qi 等（2013，2014）报道，基于 DHP 方法获得的半球摄影图像，通过 Photoshop 软件将图像中可见的树干、树枝等木质部用天空代替的方法可以测定针阔混交林中的 α 值，该方法也能用于量化木质部对 LAI 贡献率的季节变化，只是该方法在处理树干等木质部的过程中无法有效地区分树干背后是否存在叶片；基于该方法的工作原理，Liu 等（2015e）进一步将落叶阔叶林中的 WAI 分为树干指数（stem area index，SAI）和树枝指数（branch area index，BAI），在展叶初期和凋落末期考虑 WAI 对 LAI 的贡献率，而当林冠中的叶片完全展出后只考虑 SAI 对 LAI 的贡献率，虽然该方法在一定程度上解决了因木质部对 LAI 贡献率的季节性变化而带来的测量误差，但并不能完全、有效地量化木质部对 LAI 的贡献率随季节的变化，尤其是春天和秋天。总体来讲，对于如何有效量化不同森林类型中木质部对 LAI 贡献率的季节性变化尚未达成共识。

对于阔叶林，只存在冠层水平上的集聚效应，而对于针叶林，还存在簇内水平上的集聚效应（Chen et al.，1997）。冠层水平上的集聚效应用集聚指数（Ω_E）来表示，通常利用以下 3 种方法计算：①Chen 和 Cihlar（1995b）提出的 CC 法；②Lang 和 Xiang（1986）提出的 LX 法；③Leblanc 等（2005）提出的 CLX 法。这 3 种方法在以往研究中均有应用，但 CC 法的应用最为广泛，如 Eriksson 等（2005）利用 CC 法计算了瑞典不同阔叶纯林的 Ω_E；Chen 等（2006）利用 CC 法测定了加拿大不同森林类型中的 Ω_E；Macfarlane 等（2007b）利用 CC 法和 CLX 法测定了桉树林的 Ω_E；Ryu 等（2010a）利用 CC 法和 CLX 法测定了热带草原生态系统的 Ω_E；苏宏新等（2012）利用上述 3 种方法测定了不同森林类型的 Ω_E 并进行了对比分析；刘志理和金光泽（2014）利用 CC 法测定了小兴安岭地区阔叶红松林 Ω_E 的季节动态；然而，哪种方法能更合理、更准确地量化冠层水平上的集聚现象仍存在争议。针叶林簇内水平上的集聚效应采用针簇比（γ_E）来表示（Chen et al., 1997）。目前，γ_E值通常采用实地采集样枝法测定，例如，Gower 和 Norman（1991）报道美国威斯康星地区赤松（*Pinus resinosa*）的 γ_E 值为 1.5；而 Deblonde 等（1994）报道加拿大地区赤松的 γ_E 值约为美国地区的 2 倍，可见地域对 γ_E 值存在显著影响；Chen（1996）测定了北方针叶林的 γ_E 值为 1.4~1.8；刘志理等（2014）测定了中国东北地区红松、云杉和冷杉（*Abies nephrolepis*）的 γ_E 值分别为 1.63、1.34 和 1.13，可见不同针叶树种的 γ_E 值存在明显差异。因此，为有效量化不同森林类型簇内水平上的集聚效应不但要考虑地域因素，还要考虑林分的树种组成。

利用光学仪器法计算 LAI 时，首先要确定天顶角的范围，天顶角范围不同，其 LAI 也存在一定差异。DHP 方法的天顶角为 0°~90°，可以根据需要将其分成不同角度的圆环，如平均分成 6 环，即每环代表 15°；而 LAI-2000，其天顶角的范围是固定的，为 0°~74°，共分为 5 环，每环代表约 15°。以往的研究中，多种不同的天顶角范围被应用，对于 DHP 方法，如 0°~30°（Seidel et al., 2012），0°~45°（Chen et al., 2006），0°~60°（Liu et al., 2012），20°~70°（van Gardingen et al., 1999），30°~60°（Walter and Jonckheere, 2010），45°~60°（Eriksson et al., 2005）及 57.5°（Leblanc et al., 2005；Macfarlane et al., 2007b）等；对于 LAI-2000，如 1~3 环（0°~43°）（Sonnentag et al., 2007），1~4 环（0°~58°）（Eriksson et al., 2005）及 1~5 环（0°~74°）（Chen et al., 2006；Behera et al., 2010）等。随天顶角范围的增大，光学仪器法计算的 LAI 有下降的趋势，例如，Chen（1996）报道，在 6 种不同针叶林内，LAI-2000 测定的 1~3 环天顶角范围内的 LAI 平均比 1~5 环值高 15%（Chen, 1996）；Eriksson 等（2005）报道，在阔叶林内，LAI-2000 测定的 1~4 环的 LAI 明显大于 1~5 环值；Sonnentag 等（2007）报道，在常绿灌木和落叶灌木丛中，LAI-2000 测定的 1~3 环的 LAI 比 1~5 环值分别大 10%和 22%；马泽清等（2008）报道在千烟洲不同森林类型内，DHP 测定的 0°~60°天顶角的 LAI 值均大于 0°~75°的测定值。总体来讲，利用光学仪器法测定 LAI 时选择小范围天顶角优于大范围。

相对于 LAI-2000，自动曝光是影响 DHP 测定 LAI 精度的另外一个重要因素，这在以往研究中得到广泛报道（Beckschäfer et al., 2013；Macfarlane et al., 2014）。鉴于此，Zhang 等（2005）提出了利用 DHP 测定 LAI 时的最优曝光设置：先在林外空旷地处测定天空曝光（快门）速度，光圈 F5.3 最优，然后林内的曝光速度提高两档，光圈不变；如林外速度为 1/1000 s，光圈 F5.3，则林内最优曝光设置为速度 1/250 s，光圈 F5.3。目前，多数研究采用该种方案设置曝光状态。然而，对于在自动曝光状态下采集的 DHP 数据，可根据 Zhang 等（2005）建立的自动曝光状态下 DHP 测定的 LAI 与 LAI-2000 测定的 LAI 之间的相关关系（$y=0.5611x+0.3586$，$R^2=0.77$，x 为 LAI-2000 测定的 LAI，y 为自动曝光状态下

DHP 测定的 LAI）来校正自动曝光产生的误差。然而，通过校正以上因素产生的误差来提高光学仪器法测定不同森林类型的 LAI 及其季节变化精度的研究尚少。

1.3.5.2　构建直接法和间接法测定的叶面积指数间的经验模型

相对于上述校正方法提高光学仪器法测定 LAI 的精度，通过直接法与间接法之间的经验模型来测定 LAI，不用考虑间接法的局限性，且更加直接、有效。近年来，对比分析利用直接法和间接法测定森林生态系统 LAI 的报道较多，如 Chason 等（1991）利用凋落物法和 LAI-2000 测定了落叶阔叶混交林 LAI 的季节变化，并构建了二者间的经验模型：$LAI_{litter}=1.86 \times LAI_{LAI-2000}$（$R^2=0.97$）；Kalácska 等（2005）利用 LAI-2000 和凋落物法测定了热带落叶林 LAI 的季节变化，并建立了二者间的经验模型：$LAI_{litter}= 2.12 \times LAI_{LAI-2000}-1.55$（$R^2=0.78$）；曾小平等（2008）建立了鹤山丘陵 3 种人工林内 CI-110 植物冠层分析仪和异速生长方程法测定的 LAI 间的相关关系；Chianucci 和 Cutini 等（2013）构建了落叶阔叶林内 DHP 和凋落物法测定的 LAI 间的相关关系；Qi 等（2013）结合凋落物法和 DHP 综合得到了小兴安岭阔叶红松林 7~11 月的 LAI 的季节变化，并建立了不同季节该方法与 DHP 测定的 LAI 间的相关关系。然而，大部分研究只构建了一个直接法和间接法测定值间的模型，对于该经验模型是否适用于测定 LAI 的季节变化并未进行验证。目前，国内关于构建不同季节直接法和间接法测定的森林生态系统 LAI 间相关模型的研究较少。

1.4　研究目的及内容

近年来，如何快速、准确地测定不同森林类型的 LAI 及其动态变化成为众多学者的研究热点，同时也是面临的挑战。本研究的主要目的是探讨一种测定针阔混交林和阔叶混交林 LAI 季节变化的直接法，依据该方法测定东北地区几种典型森林类型 LAI 的季节变化；以直接法测定值为参考，评估 DHP 和 LAI-2000 两种光学仪器法的测定精度，并探讨如何提高光学仪器法测定 LAI 的精度；以期为快速、准确地测定不同森林类型的 LAI 及其动态变化提供科学依据。

本研究以东北地区的阔叶红松林、谷地云冷杉林、白桦次生林、红松人工林、兴安落叶松（*Larix gmelinii*）人工林和阔叶混交林为研究对象，主要研究以下 6 部分内容。

1）利用凋落物法和 DHP、LAI-2000 两种光学仪器法测定针阔混交林和阔叶混交林叶面积最大时期的 LAI，并进行对比分析。

2）介绍一种测定针阔混交林和阔叶混交林 LAI 季节变化的直接法，测定不同森林类型 LAI 的季节变化，评估光学仪器法测定 LAI 季节变化的精度，并探讨通过校正参数法提高其精度的方案。

3）探讨通过构建直接法和间接法测定的 LAI 间的经验模型提高间接法测定不同森林类型 LAI 季节变化精度的方案。

4）量化影响光学仪器法测定 LAI 精度的不同误差源产生误差的季节变化。

5）对比分析不同树种展叶物候和年凋落叶量，以及不同森林类型 LAI 的年际动态。

6）以阔叶红松林为例，分析整个林分及主要树种 LAI 的空间格局。

2 研究区域概况及样地设置

2.1 研究区域概况

2.1.1 地理条件

本研究在黑龙江凉水国家级自然保护区（以下简称为凉水自然保护区，47.18°N，128.89°E）和黑龙江帽儿山森林生态系统国家野外科学观测研究站（以下简称为帽儿山森林生态站，45.40°N，127.66°E）内完成。凉水自然保护区位于黑龙江省伊春市带岭区，地处小兴安岭南部达里带岭支脉的东坡，地形比较复杂，最高山脉海拔 707 m，山地坡度一般为 10°~15°，为典型的低山丘陵地貌。该区域内物种丰富、森林植被群落类型复杂多样，森林总蓄积量为 170 万 m³，境内森林覆盖率达 98%（徐丽娜和金光泽，2012）。帽儿山森林生态站位于黑龙江省尚志市境内，平均海拔 400 m，平均坡度为 10°~15°，该生态站地处东北温带森林的核心区域，分布着东北东部山区典型的天然次生林（Wang，2006）。

2.1.2 气候概况

凉水自然保护区地处欧亚大陆东缘，具有明显的温带大陆性季风气候特征。春天来得迟缓，降水少，多大风；夏季短促，气温较高，降雨集中；秋季降温急剧，常出现早霜；冬季漫长，严寒干燥而多风雪。本区域纬度高，年均气温低，为−0.3℃左右，年平均最高气温 7.5℃左右，年平均最低气温−6.6℃左右。年均地温 1.2℃，冻土深度 20 cm 左右。年平均降水量 676 mm，60%以上集中在 6~8 月，年平均相对湿度 78%，无霜期 100~120 天，积雪期 130~150 天（徐丽娜和金光泽，2012）。帽儿山森林生态站所处区域也具有明显的温带大陆性季风气候特征，四季分明，夏季短促而湿热，冬季寒冷干燥。年均气温 3.1℃，年均降水量 629 mm，72%以上集中在 6~8 月，无霜期 100~120 天（Wang，2006）。

2.1.3 土壤概况

凉水自然保护区内土壤的垂直分布不明显，只有地域性分布规律。其中，地带性土壤为暗棕壤（徐丽娜和金光泽，2012），占自然保护区总面积的 84.91%，分布于山地；非地带性土壤包括沼泽土、草甸土及泥炭土，其分别占自然保护区总面积的 13.07%、1.20%及 0.82%，其中草甸土分布在林中空地和河流两岸的阶地上，沼泽土和泥炭土均分布于河流两岸的低洼地及山间谷地排水不良的地段。帽儿山森林生态站区域的地带性土壤为暗棕色森林土（Wang，2006）。

2.1.4 植被类型

凉水自然保护区内的地带性顶极植被群落是以红松为优势种的原始阔叶红松针阔叶混交林，伴生多种温性落叶阔叶树种，如紫椴（Tilia amurensis）、色木槭（Acer mono）、枫桦（Betula costata）、水曲柳（Fraxinus mandshurica）、裂叶榆（Ulmus laciniata）、青楷槭（Acer tegmentosum）、花楷槭（Acer ukurunduense）等，还伴生一些欧亚针叶林中的寒温性常绿树种，如冷杉、红皮云杉（Picea koraiensis）、鱼鳞云杉（Picea jezoensis）等；还伴有毛榛子（Corylus mandshurica）、东北山梅花（Philadelphus schrenkii）、刺五加（Acanthopanax senticosus）等灌木植物及狗枣猕猴桃（Actinidia kolomikta）、五味子（Schizanadra chinensis）等藤本植物。此外，林下植被主要有荨麻（Urtica spp.）、猴腿蹄盖蕨（Athyrium brevifrons）、蚊子草（Filipendula palmate）、乌头（Aconitum barbatum）等草本植物。帽儿山森林生态站内的植被类型主要是阔叶红松林经多次干扰后演替而成的天然次生林和人工林，主要组成树种为蒙古栎（Quercus mongolica）、白桦（Betula platyphylla）、水曲柳、黄波萝（Phellodendron amurense）、色木槭、春榆（Ulmus japonica）、山杨（Populus davidiana）、紫椴、兴安落叶松等；主要灌木植物包括丁香（Syringa spp.）、卫矛（Euonymus spp.）、绣线菊（Spiraea spp.）、溲疏（Deutzia spp.）、刺五加等；主要草本植物包括苔草（Carex spp.）、山茄子（Brachybotrys paridiformis）、木贼（Equisetum spp.）、野山芹（Ostericum spp.）等。

自然保护区内的非地带性顶极植被群落是谷地云冷杉林，其是我国谷地云冷杉林天然分布的南界，是全球气候变化的敏感地区。其乔木层主要组成树种有冷杉、云杉（Picea spp.），常见种有兴安落叶松和红松，并伴有花楷槭、毛赤杨（Alnus sibirica）和白桦等阔叶树种。近年来，关于云冷杉林树木大面积死亡和衰退的报道越来越多（张文辉等，2005），快速、准确地监测该森林类型的植被动态变化，对探究其死亡和衰退的原因至关重要。刘志理等（2013）通过结合凋落物法和DHP综合得到了小兴安岭谷地云冷杉林落叶季节（7~11月）LAI的动态变化，并与DHP测定的LAI进行了对比分析，但缺乏生长季节（5~6月）LAI的动态变化信息。

此外，该区域的主要植被群落还包括原始阔叶红松林皆伐后天然更新形成的白桦次生林，以及人工更新而形成的红松人工林和兴安落叶松人工林。

2.2　样　地　设　置

本研究依托于黑龙江凉水国家级自然保护区内的阔叶红松林（mixed broadleaved-Korean pine forest）、谷地云冷杉林（spruce-fir valley forest）、白桦次生林（secondary birch forest）、红松人工林（Korean pine plantation）、兴安落叶松人工林（Dahurian larch plantation），以及帽儿山地区的阔叶混交林（mixed broadleaf forests），其样地面积分别为 9 hm^2（300 m×300 m）、9.12 hm^2（380 m×240 m）、1.0 hm^2（100 m×100 m）、0.18 hm^2（3 个 20 m×30 m）、0.18 hm^2（3 个 20 m×30 m）及 0.24 hm^2（4 个 20 m×30 m）。将每个样地划分为 10 m×10 m 的小样方，调查每个小样方内胸径（DBH）≥1.0 cm 的木本植物，鉴别其树种，测量胸径，并记录坐标，各森林类型的物种组成见表 2-1～表 2-6。在阔叶红松林的核心区（160 m×160 m）设置 64 个凋落物收集器，间隔为 20 m（图 2-1）；在谷地云冷杉林（图 2-2）和白桦次生林的核心区（60 m×60 m）分别随机设置 20 个凋落物收集器；在红松人工林、兴安落叶松人工林和阔叶混交林内每个小样方的核心处分别设置 1 个凋落物收集器，即 3 个森林类型分别共有 18 个、18 个和 20 个凋落物收集器。凋落物收集器是用直径为 8 mm 的铁丝和尼龙网围成的（孔径 1 mm，深 0.5～0.6 m），网口为正方形，面积为 0.5 m^2 或 1.0 m^2，凋落物收集器底端离地面约 0.5 m，各凋落物收集器旁边固定 3 根 30 cm 长度的 PVC 管。

表 2-1　小兴安岭阔叶红松林的物种组成

Table 2-1　Species composition of the mixed broadleaved-Korean pine forest in the Xiaoxing'an Mountains，China

主要树种 Major tree species	密度 Density/（株/hm^2）	平均胸径 Mean DBH/cm	胸高断面积 Basal area/（m^2/hm^2）	相对优势度 Relative dominance/%
红松 Pinus koraiensis	133	42.81	24.15	57.09
冷杉 Abies nephrolepis	101	16.17	3.01	7.11
云杉 Picea spp.	20	18.99	1.06	2.51
紫椴 Tilia amurensis	81	13.35	3.01	7.11
色木槭 Acer mono	238	7.73	2.43	5.74
枫桦 Betula costata	67	13.02	2.04	4.82
裂叶榆 Ulmus laciniata	108	7.73	1.48	3.50
水曲柳 Fraxinus mandshurica	45	12.54	1.27	3.00
其他 Others	1580	2.96	3.85	9.10
总计 Total	2373	7.41	42.3	100

表 2-2 小兴安岭谷地云冷杉林的物种组成

Table 2-2 Species composition of the spruce-fir valley forest in the Xiaoxing'an Mountains，China

主要树种 Major tree species	密度 Density/（株/hm²）	平均胸径 Mean DBH/cm	胸高断面积 Basal area /（m²/hm²）	相对优势度 Relative dominance/%
云杉 *Picea* spp.	513	11.12	9.36	36.81
冷杉 *Abies nephrolepis*	1057	8.32	7.57	29.77
兴安落叶松 *Larix gmelinii*	93	24.03	6.11	24.03
白桦 *Betula platyphylla*	120	11.65	1.48	5.82
其他 Others	373	8.74	0.91	3.58
总计 Total	2156	9.27	25.43	100.00

表 2-3 小兴安岭白桦次生林的物种组成

Table 2-3 Species composition of the secondary *Betula platyphylla* forest in the Xiaoxing'an Mountains，China

主要树种 Major tree species	密度 Density/（株/hm²）	平均胸径 Mean DBH/cm	胸高断面积 Basal area /（m²/hm²）	相对优势度 Relative dominance/%
白桦 *Betula platyphylla*	525	15.80	11.16	48.52
兴安落叶松 *Larix gmelinii*	214	15.60	5.60	24.33
红皮云杉 *Picea koraiensis*	150	11.10	1.86	8.07
榆树 *Ulmus pumila*	79	9.45	0.92	3.99
稠李 *Prunus padus*	750	3.32	0.92	3.98
裂叶榆 *Ulmus laciniata*	82	9.50	0.68	2.95
色木槭 *Acer mono*	196	5.72	0.64	2.80
毛赤杨 *Alnus sibirica*	118	3.66	0.29	1.25
其他 Other	739	2.32	0.94	4.09
总计 Total	2854	7.22	23.01	100.00

表 2-4　小兴安岭红松人工林的物种组成

Table 2-4　Species composition of the Korean pine plantation in the Xiaoxing'an Mountains，China

主要树种 Major tree species	密度 Density/（株/hm²）	平均胸径 Mean DBH/cm	胸高断面积 Basal area /（m²/hm²）	相对优势度 Relative dominance/%
红松 *Pinus koraiensis*	944	15.44	20.96	62.12
云杉 *Picea* spp.	56	11.89	1.92	5.69
兴安落叶松 *Larix gmelinii*	72	20.32	2.96	8.78
白桦 *Betula platyphylla*	61	23.82	3.23	9.58
水曲柳 *Fraxinus mandshurica*	33	15.90	0.79	2.34
黄菠萝 *Phellodendron amurense*	56	20.09	1.90	5.63
毛赤杨 *Alnus sibirica*	6	33.70	0.48	1.42
其他 Others	778	11.07	1.50	4.44
总计 Total	2006	11.48	33.74	100.00

表 2-5　小兴安岭兴安落叶松人工林的物种组成

Table 2-5　Species composition of the Dahurian larch plantation in the Xiaoxing'an Mountains，China

主要树种 Major tree species	密度 Density/（株/hm²）	平均胸径 Mean DBH/cm	胸高断面积 Basal area /（m²/hm²）	相对优势度 Relative dominance/%
兴安落叶松 *Larix gmelinii*	350	28.93	24.29	84.49
水曲柳 *Fraxinus mandshurica*	156	9.50	2.15	7.47
色木槭 *Acer mono*	294	5.81	1.01	3.50
紫椴 *Tilia amurensis*	239	5.62	0.72	2.50
其他 Others	261	4.92	0.59	2.05
总计 Total	1300	13.25	28.76	100.00

表 2-6 帽儿山阔叶混交林的物种组成

Table 2-6 Species composition of the mixed broadleaf forests in Maoershan Ecosystem Research Station，China

样地 Plots	主要树种 Major tree species	密度 Density/（株/hm²）	平均胸径 Mean DBH/cm	胸高断面积 Basal area/（m²/hm²）
1	春榆 *Ulmus japonica* 水曲柳 *Fraxinus mandshurica*	1840	7.73	19.59
2	白桦 *Betula platyphylla* 春榆 *Ulmus japonica*	2140	8.01	19.64
3	白桦 *Betula platyphylla* 色木槭 *Acer mono*	5067	6.29	23.25
4	水曲柳 *Fraxinus mandshurica* 裂叶榆 *Ulmus japonica*	2167	9.09	35.94

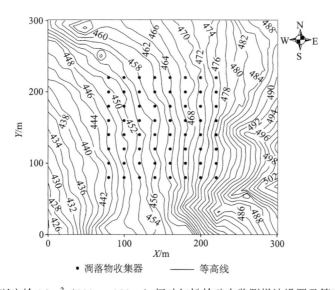

• 凋落物收集器　　——— 等高线

图 2-1 小兴安岭 9 hm²（300 m×300 m）阔叶红松林动态监测样地设置及等高线分布图

Fig. 2-1 The location and contour map of the 9 hm²（300 m×300 m）mixed broadleaved-Korean pine dynamic monitoring plot in the Xiaoxing'an Mountains，China

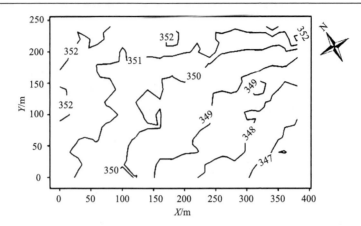

图 2-2　小兴安岭 9.12 hm² （380 m×240 m）谷地云冷杉林动态监测样地等高线分布图

Fig. 2-2　The contour map of the 9.12 hm² （380 m×240 m） spruce-fir valley forest dynamic monitoring plot in the Xiaoxing'an Mountains，China

3 直接法和间接法测定叶面积最大时期的叶面积指数

以往研究中，大家更多地关注叶面积最大时期 LAI 的测定，因为叶面积最大时期的 LAI 与净初级生产力密切相关，LAI 的准确测定对于模拟不同树种或是不同森林群落的生物生产力至关重要。例如，李文华和罗天祥（1997）的研究表明云冷杉林的生物生产力随 LAI 的增加呈明显的递增趋势；Luo 等（2004）的研究表明不同森林类型内净初级生产力与 LAI 呈显著的指数相关。基于不同森林类型，叶面积最大时期 LAI 不同测定方法的研究也得到了广泛关注。例如，周宇宇等（2003）对比分析了直接法和光学仪器法测定长白山自然保护区的红松阔叶林、岳桦（*Betula ermanii*）林、云冷杉林、红松纯林等不同植被类型的 LAI；杜春雨和范文义（2010）分析了异速生长方程法和 LAI-2000 测定不同落叶阔叶林 LAI 的相关关系；刘志理和金光泽（2012）提出了一种结合凋落物法和光学仪器法测定针阔混交林 LAI 的方法，并利用该方法和 DHP 测定了小兴安岭地区阔叶红松林、谷地云冷杉林和白桦次生林叶面积最大时期的 LAI；宋林和孙志虎（2012）利用异速生长方程法和 LAI-2000 测定了长白落叶松（*Larix olgensis*）人工林的 LAI，并进行了对比分析；Cutini 等（1998）利用凋落物法和 LAI-2000 测定了意大利不同择伐方式下落叶阔叶树种的 LAI；Jonckheere 等（2005a）对比分析了松树林内异速生长方程法和 DHP、LAI-2000 及 TRAC 3 种光学仪器法测定的 LAI；Mason 等（2012）利用破坏性取样法和 DHP、LAI-2000 测定了新西兰松树林的 LAI，分析了不同方法测定值的相关性，并进行对比分析；以上研究结果表明，直接法和间接法测定的 LAI 显著相关，且光学仪器法测定值存在低估 LAI 的现象，但关于引起这些低估现象的误差源及其对测定 LAI 的贡献率的研究尚少，不同森林类型不同误差源对测定 LAI 的贡献率是否也存在差异的研究报道也较少。因此，本研究以阔叶红松林和阔叶混交林（样地概况见表 2-1 和表 2-6）为研究对象，利用不同方法（直接法和间接法）测定不同森林类型内叶面积最大时期的 LAI（LAImax），并探讨影响光学仪器法测定 LAI 精度的不同误差源的贡献率；此外，以阔叶红松林、择伐林（将阔叶红松林内大径级的红松择伐后形成的森林类型）、白桦次生林、红松人工林和兴安落叶松人工林为研究对象，分析直接法和间接法测定的不同森林类型叶面积最大时期 LAI 的相关关系。

3.1　研 究 方 法

3.1.1　直接法测定叶面积指数

根据不同时期的凋落叶数据结合 SLA，可得到林分内落叶树种（包括落叶阔叶树种和落叶针叶树种）和常绿针叶树种的 LAI_{max}。在测定 LAI_{max} 时，准确测定主要树种的 SLA 和常绿针叶树种的平均叶寿命（存活周期）是提高 LAI_{max} 精度的关键。

3.1.1.1　比叶面积（SLA）的测定

SLA 不仅存在种间差异，而且存在季节性变异，为提高凋落物法测定 LAI 的准确性，本研究测定了不同森林类型内主要树种 SLA 的季节性变化，包括红松、冷杉、云杉、兴安落叶松、紫椴、色木槭、枫桦、裂叶榆、水曲柳、大青杨（*Populus ussuriensis*）、花楷槭、青楷槭、春榆、白桦及毛榛子共 4 种针叶树种和 11 种阔叶树种的 SLA。监测日期为 2012 年 8 月 1 日、9 月 1 日、9 月 15 日、10 月 1 日、10 月 15 日及 11 月 1 日。采用不同方案分别测定阔叶树种和针叶树种的 SLA。阔叶树种：每个树种从凋落物收集器内随机选取 10~70 个健康平整的样叶，使用扫描仪测定其叶面积，不平整的样叶需浸入水中直至平整后再进行扫描。针叶树种：每个树种从凋落物收集器内随机选取至少 400 个样针，利用排水法测定其半表面积（Chen，1996），操作细节参照了 Liu 等（2012）的文献。将样叶烘干至恒重后，分别称重（精确到 0.001 g）。根据 SLA 定义即可得到主要树种各时期的 SLA。对于未测定 SLA 的时期，SLA 采用各时期的平均值。对于未测定 SLA 的阔叶树种（针叶树种的 SLA 均测定），其 SLA 采用各阔叶树种的平均值。

3.1.1.2　常绿针叶树种叶寿命的测定

本研究中的常绿针叶树种包括红松、冷杉和云杉。林冠中常绿针叶树种的总 LAI 可用式 3-1 得到：

$$LAI_{canopy}(t)=\sum_{i=1}^{n}LAI_{canopy,i}(t) \tag{3-1}$$

式中，$LAI_{canopy}(t)$ 为 t 时期林冠中所有年龄常绿针叶的总 LAI，$LAI_{canopy,i}(t)$ 为 t 时期林冠中年龄为 i 的常绿针叶的 LAI，本研究中将当年新生的常绿针叶年龄定义为 1。假设每年新生针叶的总数量保持不变，任何一年内观测的 $LAI_{canopy,i}$ 都可代表该树种的平均状态。本研究以针叶的一个凋落循环周期为例，$LAI_{canopy-remain,i}$ 为针叶展出 i 年后林冠中存留针叶产生的 LAI。在第 i 年凋落的针叶产生的 LAI

等于 $LAI_{canopy-remain,i-1}-LAI_{canopy-remain,i}$。因此，常绿针叶的平均叶寿命（$\overline{Age}$）可根据不同年龄的凋落针叶产生的 LAI 进行加权得到：

$$
\begin{aligned}
\overline{Age} &= \sum_{i=2}^{n} \frac{LAI_{canopy-remain,i-1} - LAI_{canopy-remain,i}}{LAI_{canopy-total}} \times (i-1) \\
&= \sum_{i=2}^{n} \left(\frac{LAI_{canopy-remain,i-1}}{LAI_{canopy-total}} - \frac{LAI_{canopy-remain,i}}{LAI_{canopy-total}} \right) \times (i-1) \qquad (3\text{-}2) \\
&= \sum_{i=2}^{n} (SR_{i-1} - SR_i) \times (i-1)
\end{aligned}
$$

式中，SR_i 为第 i 年针叶的存活率，本研究中利用第 i 年针叶的存活率代替林冠中第 i 年 LAI 的存留率。常绿针叶的存活率，通过采集样枝的方法进行测定。根据胸径将每个常绿针叶树种（红松、冷杉和云杉）分为 3 个等级：主林层（DBH≥40 cm）、次林层（20 cm≤DBH<40 cm）和被压层（DBH<20 cm）。每个等级选择一株样树，将每株样树的冠层分为 3 个高度，每个高度选择 6 个样枝，即每个树种共选择 54 个样枝进行针叶存活率的测定。根据各树种的生物学特性可以确定样枝上不同小枝的年龄，各小枝的年龄即代表该段小枝上针叶的寿命。因此，选取样枝时要包含最短寿命（针叶数量最多）到最长寿命（针叶数量最少接近凋落完毕）各个年龄段的小枝。分别把不同年龄的针叶取下并记录针叶数量，再根据式 3-3 得到不同针叶年龄内的针叶存活率（survival ratio，SR）：

$$SR_i = N_i / N_{i=1} \qquad (3\text{-}3)$$

式中，SR_i 为 i 年生针叶的存活率，N_i 为 i 年生针叶的数量，$N_{i=1}$ 为 1 年生针叶的数量，即最大的针叶数量。根据式 3-2 计算各树种不同等级（主林层、次林层和被压层）的平均叶寿命，然后根据各等级的胸高断面积比例加权得到整个样地内各树种的平均叶寿命。

3.1.1.3　凋落物的收集

本研究以阔叶红松林为例，介绍针阔混交林（落叶阔叶树种和常绿针叶树种的混交林）LAI_{max} 的测定方法，以阔叶混交林为例，介绍落叶林 LAI_{max} 的测定方法。

阔叶红松林内，凋落物收集主要在 2009 年 9 月初至 2010 年 8 月初进行。其中，2009 年 9~12 月和 2010 年 5~8 月，每月月初收集一次；而 2009 年 1~4 月，因样地内积雪过多，收集难度大，该段时间内不进行凋落物的收集，即 2010 年 5 月初收集的凋落物是 2009 年 12 月至 2010 年 4 月凋落的。阔叶混交林内，凋落物的收集主要在 2012 年 8~10 月，间隔期为 10 天。收集的凋落物及时带回实验室，将凋落叶按树种进行分类并测其湿重。随机选取一定数量的样品，烘干至恒重后测其干重。再结合各树种的 SLA 得到各样点、各树种、各时期凋落叶产生的 LAI。

阔叶或落叶针叶树种通过累加落叶季节各树种凋落叶产生的 LAI 分别得到各树种的 LAI_{max}。常绿针叶树种是先测定 1 年内（如 2009 年 9 月至 2010 年 8 月）凋落叶产生的 LAI，然后乘以针叶的平均叶寿命得到各树种的 LAI_{max}。综合阔叶红松林内各阔叶树种和针叶树种的 LAI，即得到该林分的 LAI_{max}；综合阔叶混交林内各阔叶树种的 LAI，即可得到该林分的 LAI_{max}。

3.1.2 间接法（光学仪器法）测定叶面积指数

3.1.2.1 半球摄影法（DHP）

DHP 通过 Winscanopy 2006 冠层分析仪（Regent，Instruments，Quebec，Canada）采集图像，主要由数码相机（Coolpix 4500，Nikon，Tokyo，Japan）和 180°鱼眼镜头（Nikon，FC-E8）组成。数码相机利用三角架固定在离地面 1.3 m 处，为避免直射光对图像采集产生影响，每次图像采集在阴天或日出和日落前后进行，采集时相机保持水平。相机设置如下：①自动曝光模式；②图像像素为 2272 pixels ×1704 pixels；③图像保存为 JPEG 格式。处理半球摄影图像时可以选取不同的天顶角，其值为 0°~90°，可以根据需要将天顶角分为不同的环数，如分为 6 环，即每环代表 15°。阔叶红松林内的采集样点数为 64 个，LAI_{max} 的数据采集时间为 2009 年 8 月初（叶面积最大时期）；阔叶混交林内的采集样点数为 20 个，LAI_{max} 的数据采集时间为 2012 年 8 月初。

3.1.2.2 LAI-2000 植物冠层分析仪

LAI-2000（LI-COR Inc.，Lincoln，NE，USA）采集的数据与 DHP 采集时间、地点相同，采集数据时确保感应探头离地面 1.3 m 且保持水平，使用 90°顶盖；每次测量的初始值和结束值，即天空空白值均采自样地附近的防火瞭望塔上。LAI-2000 采集数据时将天顶角分为 5 环，如第 1 环代表 0°~13°、第 2 环代表 16°~28°、第 3 环代表 32°~43°、第 4 环代表 47°~58°、第 5 环代表 61°~74°天顶角。

3.1.2.3 利用参数校正有效叶面积指数

利用光学仪器法反演 LAI 不能区分木质部（树干、树枝等）和叶片，同时忽略了冠层中的集聚效应（Chen，1996）。随着相关理论和技术的发展与验证，要得到相对准确的 LAI，需要对 L_e 进行如下校正（Chen et al.，1997）：

$$LAI = \frac{(1-\alpha)L_e\gamma_E}{\Omega_E} \quad (3\text{-}4)$$

式中，α 为木质比例（woody-to-total area ratio）；Ω_E 为集聚指数（clumping index）；

γ_E 为针簇比（needle-to-shoot area ratio）。对于阔叶树种，通常 $\gamma_E = 1.0$。

除式 3-4 中的校正参数外，DHP 测定的 L_e 还需要进行自动曝光校正。根据 Zhang 等（2005）建立的自动曝光状态下 DHP 测定的 L_e 与 LAI-2000 测定的 L_e 之间的相关关系（$y=0.5611x+0.3586$，$R^2=0.77$，x 为 LAI-2000 测定的 L_e，y 为自动曝光状态下 DHP 测定的 L_e）对 DHP 测定的 L_e 进行校正。

（1）木质比例

本研究基于 Photoshop CS 8.01（Adobe Systems Incorporated，North America）软件计算木质比例（Qi et al.，2013）。第一，利用 DHP 软件处理半球摄影图像，得到总 LAI（包括树叶和木质部，LAI$_{total}$）（图 3-1A）；第二，利用 Photoshop 软件中的仿制像章工具将图像中的树干、树枝等木质部用天空代替，图像中只剩树叶，再用 DHP 软件处理图像，得到的 LAI 即为树叶产生的 LAI（LAI$_{leaf}$）（图 3-1B），LAI$_{total}$ 减去 LAI$_{leaf}$ 可得到木质部产生的 LAI，即木质指数（WAI）；第三，木质比例 α=WAI/LAI$_{total}$。

A 处理前　　　　　　　　　　　　B 利用Photoshop软件去除树干、
　　　　　　　　　　　　　　　　　　　树枝后

图 3-1　对比 Photoshop 软件处理前（A）后（B）的半球摄影图像（彩图请扫封底二维码）
Fig. 3-1　Comparison of hemispherical photography before（A）and after（B）use of Photoshop software to remove stems and branches（Scanning QR code on back cover to see color graph）

（2）集聚指数

多数植物林冠部分的叶子等植被组分并不是随机分布的，而是存在一定的集聚效应。集聚指数（Ω_E）主要用于量化冠层水平上的集聚效应，其数值随集聚效应的增加而减小。Ω_E 的测定方法主要分为三类：基于冠层中林隙大小（gap size）（Chen and Cihlar，1995a），简称 CC 法；基于冠层中林隙分数（gap fraction）（Lang，1986；Lang and Xiang，1986），简称 LX 法；基于以上两种方法的综合（Leblanc et al.，2005），简称 CLX 法。然而，CC 法因其计算原理具有较强的理

论基础而被广泛应用,计算公式如下(Chen and Cihlar,1995b;Leblanc,2002):

$$CI_{CC} = \frac{\ln[F_m(0,\theta)]}{\ln[F_{mr}(0,\theta)]} \frac{[1 - F_{mr}(0,\theta)]}{[1 - F_m(0,\theta)]}$$ （3-5）

式中,$F_m(0,\theta)$为天顶角 θ 内所有大于 0 的林隙分数的总和,$F_{mr}(0,\theta)$为去除因林冠内植被组分的非随机分布而产生的较大林隙而剩余的总林隙分数。本研究利用 DHP-TRAC 软件测定 Ω_E,计算时选取 30°~60°天顶角(Leblanc and Chen,2001;Gonsamo and Pellikka,2009)。

　　　(3)针簇比

　　　本研究依据 Chen(1996)的方法测定红松、冷杉和云杉 3 种针叶树种的 γ_E。首先,将研究区域内的每个针叶树种按胸径分为 3 个林层:主林层、次林层和被压层。每个林层选 3 株样树,每株样树按树高将其分成高(T)、中(M)和低(L)3 个等级,每个等级采集 9 个样簇(簇为采样的基本单位),得到 DT、DM、DL、MT、MM、ML、ST、SM 和 SL 9 种类型的针叶样品 243 簇,及时带回实验室进一步分析。γ_E 计算公式如下:

$$\gamma_E = A_n/A_s$$ （3-6）

式中,A_n 是样簇上所有针叶表面积的一半,A_s 是样簇的投影面积的一半。A_n 可以利用体积替换法(Chen,1996)得到,测量样簇的 0°、45°和 90°三个角度的投影面积,样簇投影叶面积由以下公式得到:

$$A_s = 2\frac{\cos(15°)A_p(0°,0°) + \cos(45°)A_p(45°,0°) + \cos(75°)A_p(90°,0°)}{\cos(15°) + \cos(45°) + \cos(75°)}$$ （3-7）

式中,A_p 为投影面积,结合式 3-6 和式 3-7 即可得到各样簇的 γ_E,然后根据各林层的 BA 占总 BA 的比例加权得到各树种的 γ_E,再根据各树种占所有树种 BA 的比例加权得到林分水平上的 γ_E。

3.1.3　不同森林类型内直接法和间接法测定的叶面积指数间的相关关系

　　　以阔叶红松林、择伐林、白桦次生林、红松人工林和兴安落叶松人工林为研究对象,分析 2013 年不同森林类型叶面积最大时期的 LAI 间的相关关系。直接法测定 LAI 的方法参照 3.1.1 部分所述,其中阔叶红松林、择伐林、红松人工林和兴安落叶松人工林的叶面积最大时期为 8 月初,而白桦次生林叶面积最大时期为 7 月初。DHP 和 LAI-2000 采集数据的方案同 3.1.2 部分所述。阔叶红松林内,采集数据样点数为 24;择伐林和白桦次生林内,采集数据样点数为 20;红松人工林和兴安落叶松人工林内,采集数据样点数为 18。

3.1.4　数据处理

半球摄影图像采用DHP软件处理,分别计算0°~45°、30°~60°、45°~60°及0°~75°天顶角范围内的 L_e。LAI-2000 数据采用 C2000 软件处理,选择与 DHP 处理方法相似的天顶角范围,即 1~3 环（0°~43°）、3~4 环（32°~58°）、4 环（47°~58°）及 1~5 环（0°~74°）。对不同针叶树种的针簇比进行单因素方差分析（one-way ANOVA）,并利用 LSD（least significant difference）法进行差异显著性检验（α=0.05）。用 Pearson 相关系数（r）评价两种光学仪器法测定的 L_e 间的相关关系。构建直接法测定的 LAI 和光学仪器法测定的 LAI 间的经验模型,并计算决定系数（R^2）、均方根误差（root mean square error,RMSE）及 P 值。所有的统计分析均采用 SPSS 18.0 软件（SPSS Inc.,Chicago,IL,USA）完成。

3.2　结果与分析

3.2.1　常绿针叶树种的叶寿命

总体来看,云杉和冷杉的平均叶寿命大于红松（表 3-1）。36%的红松针叶存活 3 年以上,只有 4%的红松针叶能存活 4 年以上（图 3-2）,被压层中的红松具有

表 3-1　小兴安岭阔叶红松林动态监测样地常绿针叶树种的平均叶寿命（标准差）
Table 3-1　The average leaf age（standard deviation,SD）of each evergreen coniferous species in the mixed broadleaved-Korean pine dynamic monitoring plot in the Xiaoxing'an Mountains, China

树种 Species	树冠中的位置 Position of canopy	主林层 Dominant	次林层 Co-dominant	被压层 Suppressed
红松 *Pinus koraiensis*	高 Top	3.25（0.29）	2.69（0.47）	3.48（0.61）
	中 Middle	3.17（0.53）	2.71（0.41）	3.21（0.42）
	低 Low	3.14（0.27）	2.97（0.24）	3.07（0.30）
	均值 Mean	3.18（0.36）	2.79（0.39）	3.25（0.46）
云杉 *Picea* spp.	高 Top	3.63（0.57）	3.50（0.54）	3.66（0.45）
	中 Middle	3.87（0.56）	4.11（0.65）	4.05（0.31）
	低 Low	4.35（0.57）	3.98（0.52）	4.01（0.39）
	均值 Mean	3.95（0.61）	3.86（0.61）	3.91（0.41）
冷杉 *Abies nephrolepis*	高 Top	3.11（0.94）	3.87（0.34）	4.35（0.63）
	中 Middle	3.28（0.77）	3.25（0.40）	4.63（0.54）
	低 Low	3.69（0.84）	3.65（0.80）	3.33（0.60）
	均值 Mean	3.38（0.83）	3.59（0.58）	4.10（0.80）

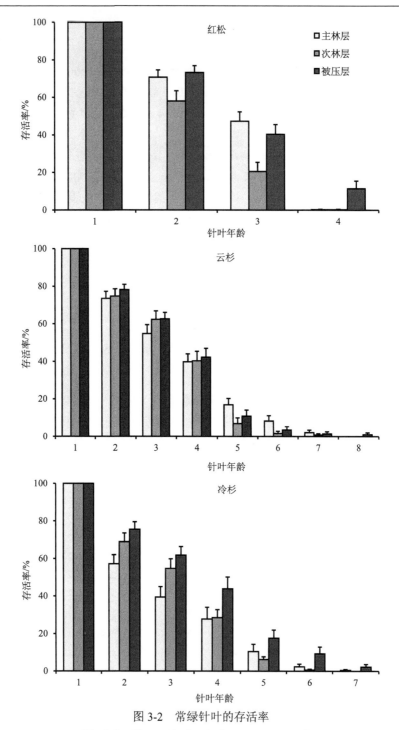

图 3-2　常绿针叶的存活率

Fig. 3-2　The survival ratio for evergreen needles

最大的平均叶寿命，值为（3.25±0.46）年，主林层次之，值为（3.18±0.36）年，次林层最小，值为（2.79±0.39）年，红松的平均叶寿命为 3.07 年。41%的云杉针叶存活 4 年以上，只有 0.3%的云杉针叶存活 8 年以上，主林层、次林层和被压层中云杉的平均叶寿命不存在明显差异，其值分别为（3.95±0.61）年、（3.86±0.61）年和（3.91±0.41）年，云杉的平均叶寿命为 3.91 年。相对而言，52%的冷杉针叶存活 3 年以上，只有 0.9%的针叶存活 7 年以上，被压层中的冷杉具有最大的平均叶寿命，值为（4.10±0.80）年，次林层次之，值为（3.59±0.58）年，主林层最小，值为（3.38±0.83）年，冷杉的平均叶寿命为 3.69 年。

3.2.2 针阔混交林内主要树种的叶面积指数

凋落物法直接测定阔叶红松林的 LAI_{max} 均值为 7.03±0.27（均值±SE）（表3-2）。红松的 LAI 在常绿针叶树种和所有树种中均占最大比例，值分别为82.24%±1.96%和49.88%±2.47%，这与红松树种具有最高的相对优势度（57.09%）密切相关。阔叶红松林内，针叶树种的 LAI 占所有树种的 59.20%，阔叶树种占40.80%。阔叶树种中，色木槭所占比例最大，值 9.15%±1.16%，紫椴次之，值为 7.41%±1.05%，表明这两树种是林分内红松的主要伴生树种。然而，紫椴的平均胸径和 BA 均高于色木槭，表明 LAI 还受 SLA、树种密度等其他因素的影响。阔叶红松林的主要树种中，春榆和青楷槭的 LAI 占所有树种总 LAI 的比例最小，值分别为 0.96%±0.36%和 0.66%±0.21%。

表3-2　小兴安岭阔叶红松林动态监测样地利用凋落物法测定的主要树种叶面积最大时期的
LAI（LAI_{max}）及其所占比例

Table 3-2　Annual maximum LAI（LAI_{max}）derived from litter collection and LAI percentage
for major tree species in the mixed broadleaved-Korean pine dynamic monitoring plot in the
Xiaoxing'an Mountains，China

主要树种 Major tree species	LAI_{max} /（m²/m²）	比例 [a] Percentage[a]/%	比例 [b] Percentage[b]/%
红松 *Pinus koraiensis*[c]	3.65（0.28）	82.24（1.96）	49.88（2.47）
冷杉 *Abies nephrolepis*[c]	0.34（0.03）	9.79（1.06）	5.15（0.50）
云杉 *Picea* spp. [c]	0.27（0.03）	7.97（0.94）	4.17（0.44）
色木槭 *Acer mono*	0.60（0.07）	22.34（2.05）	9.15（1.16）
紫椴 *Tilia amurensis*	0.48（0.07）	18.11（2.37）	7.41（1.05）
水曲柳 *Fraxinus mandshurica*	0.34（0.07）	9.93（1.90）	4.67（0.96）
裂叶榆 *Ulmus laciniata*	0.28（0.05）	10.44（1.76）	3.93（0.73）
枫桦 *Betula costata*	0.25（0.05）	9.70（1.85）	3.79（0.72）

续表

主要树种 Major tree species	LAI$_{max}$ /（m^2/m^2）	比例 [a] Percentage[a]/%	比例 [b] Percentage[b]/%
花楷槭 *Acer ukurunduense*	0.25（0.05）	9.06（1.68）	3.65（0.72）
毛榛子 *Corylus mandshurica*	0.17（0.04）	5.56（1.42）	2.13（0.49）
春榆 *Ulmus japonica*	0.07（0.03）	2.13（0.83）	0.96（0.36）
青楷槭 *Acer tegmentosum*	0.05（0.02）	1.86（0.69）	0.66（0.21）
其他 Others[d]	0.28（0.04）	10.87（1.50）	4.46（0.72）
总计 Total	7.03（0.27）	—	100

注：括号中数值为标准误差（SE）

[a] 为占针叶或阔叶树种总 LAI 的比例；[b] 为占所有树种总 LAI 的比例；[c] 为针叶树种整个存活周期内的 LAI；[d] 为其他阔叶树种；*n*=64

Note: values in parentheses are standard error（SE）

[a]Accounted for the percentage of total LAI for coniferous or broadleaf species，respectively. [b]Accounted for the percentage of total LAI for all species. [c]LAI for coniferous species in the entire life span. [d]Represented other broadleaf species. *n*=64

3.2.3　阔叶混交林内主要树种的叶面积指数

阔叶混交林叶面积最大时期的 LAI 为 6.06，其中春榆的 LAI 所占比例最大，为 27.3%，白桦和水曲柳次之，所占比例分别为 22.4%和 19.6%（表 3-3）。

表 3-3　帽儿山地区阔叶混交林利用凋落物法测定的主要树种叶面积最大时期的 LAI（LAI$_{max}$）及其所占比例

Table 3-3　Annual maximum LAI（LAI$_{max}$）derived from the litter collection and LAI percentage for major tree species in mixed broadleaf forests in the Maoershan ecosystem research station

主要树种 Major tree species	LAI$_{max}$ /（m^2/m^2）	比例 Percentage/%
春榆 *Ulmus japonica*	1.66（0.31）	27.3
白桦 *Betula platyphylla*	1.36（0.37）	22.4
水曲柳 *Fraxinus mandshurica*	1.18（0.21）	19.6
色木槭 *Acer mono*	0.53（0.14）	8.8
暴马丁香 *Syringa reticulate* var. *mandshurica*	0.49（0.12）	8.1
其他 Others	0.83（0.15）	13.7
总计 Total	6.06	100

注：括号中数值为标准误差（SE），*n*=20

Note: Values in parentheses are standard error（SE），*n*=20

3.2.4 光学仪器法的主要校正参数

阔叶红松林内，利用光学仪器法测定 LAI 时因高估木质部产生的平均误差为 3.0%，范围为 0.2%~15.5%（表 3-4），表明原始阔叶红松林内的冠层结构具有较强的空间异质性。相对而言，阔叶混交林内木质部产生的平均误差略高于阔叶红松林，值为 4.8%，范围为 3.2%~7.0%，表明阔叶混交林的冠层结构较均一。阔叶红松林和阔叶混交林内，冠层水平上的集聚效应不存在明显差异，其均值分别为 0.90 和 0.89（表 3-4）。阔叶红松林的针簇比（γ_E）最大为 1.64，最小为 1.03，均值为 1.43（表 3-4）。

表 3-4 阔叶红松林和阔叶混交林内主要校正参数，木质比例（α）、集聚指数（Ω_E）和针簇比（γ_E）
Table 3-4 Woody-to-total area ratio（α），clumping index（Ω_E）and needle-to-shoot area ratio （γ_E）for the mixed broadleaved-Korean pine forest and mixed broadleaf forests

森林类型 Forest stands	参数 Parameters	最大值 Maximum	最小值 Minimum	平均值±标准差 Mean±SD	样本 Samples
阔叶红松林	α/%	15.5	0.2	3.0±2.6	64
Mixed broadleaved-	Ω_E	0.99	0.75	0.90±0.05	64
Korean pine forest	γ_E	1.64	1.03	1.43±0.15	64
阔叶混交林	α/%	7.0	3.2	4.8±1.0	20
Mixed broadleaf forests	Ω_E	0.94	0.79	0.89±0.04	20

注：阔叶林的针簇比为 1.0

Note: γ_E=1.0 for broadleaf forests

总体来看，红松、云杉和冷杉的 γ_E 随树木在林分内的位置呈现相同的变化模式（图 3-3），即主林层的 γ_E 显著大于次林层（$P<0.05$），次林层的 γ_E 略高于被压层，但不存在显著差异。红松的 γ_E 显著大于云杉和冷杉（$P<0.05$），而云杉的 γ_E 显著大于冷杉（$P<0.05$）。

3.2.5 DHP 和 LAI-2000 测定的叶面积指数

本研究利用 DHP 和 LAI-2000 测定了阔叶红松林不同天顶角范围内的 LAI（表 3-5）。总体来看，DHP 测定的有效 LAI（DHP L_e）与 LAI-2000 测定的有效 LAI（LAI-2000 L_e）在不同天顶角范围内均显著相关（$P<0.01$），最小相关系数 r=0.787。然而，DHP L_e 在不同天顶角范围内均小于 LAI-2000 L_e，即在 0°~45°、30°~60°、45°~60° 及 0°~75°天顶角，DHP L_e 比 LAI-2000 L_e 分别低估 47%±9%（均值±标准差）、40%±8%、38%±7% 及 45%±10%。DHP L_e 在不同天顶角范围内不存在显著差异，变异系数为 7.7%，45°~60°天顶角值最大，为 2.76±0.68，0°~75°天顶角值最小，为 2.32±0.53。相对而言，LAI-2000 L_e 在不同天顶角范围内的顺序为 1~3 环（5.16±1.44）＞3~4 环（4.62±1.29）＞4 环（4.51±1.25）＞

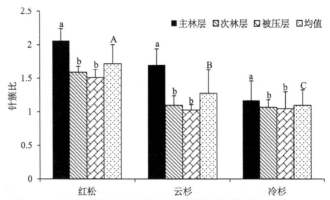

图 3-3　小兴安岭阔叶红松林内常绿针叶树种的针簇比（γ_E）

Fig. 3-3　Needle-to-shoot area ratios（γ_E）of coniferous species in the mixed broadleaved-Korean pine dynamic monitoring plot in the Xiaoxing'an Mountains，China

同一树种中不同小写字母表示不同等级的 γ_E 存在显著差异（$P<0.05$）；不同大写字母表示不同树种的 γ_E 存在显著差异（$P<0.05$）

Different lowercase letters within same species meant significant differences among γ_E of different leaves at $P<0.05$ level.

Different capital letters meant significant differences among average γ_E of different species at $P<0.05$ level

表 3-5　阔叶红松林不同天顶角范围内 DHP 和 LAI-2000 测定的有效 LAI（L_e）（$n=64$）

Table 3-5　Comparison of effective leaf area index（L_e）derived from digital hemispherical photography（DHP）and LAI-2000 methods（$n=64$）in the mixed broadleaved-Korean pine forest

数值 Values	DHP L_e 0°~45°	LAI-2000 L_e 1~3 环	差异 Difference/%	DHP L_e 30°~60°	LAI-2000 L_e 3~4 环	差异 Difference/%	平均差异 Mean difference/%
最大值 Max.	4.14	8.08	−66	3.97	7.06	−62	
最小值 Min.	0.75	1.64	−22	0.90	1.43	−16	
均值 Mean	2.67	5.16	−47	2.73	4.62	−40	
标准差 SD	0.66	1.44	9	0.68	1.29	8	
相关系数 r	0.787**		—	0.841**		—	
	45°~60°	4 环		0°~75°	1~5 环		
最大值 Max.	4.13	6.65	−50	3.88	6.54	−61	−57
最小值 Min.	0.89	1.39	−19	0.77	1.17	−7	−28
均值 Mean	2.76	4.51	−38	2.32	4.38	−45	−43
标准差 SD	0.68	1.25	7	0.53	1.19	10	6
相关系数 r	0.919**		—	0.824**		—	—

注：差异（%）=（DHP L_e−LAI-2000 L_e）/LAI-2000 L_e×100；平均差异为 4 种不同天顶范围内两种有效 LAI 间的平均差异；r 为 Pearson 相关系数；**为 $P<0.01$

Note: The difference（%）was calculated by（DHP L_e−LAI-2000 L_e）/LAI-2000 L_e×100. Mean difference is the mean difference between the two effective LAI with the four zenith angle ranges. r is the Pearson's correlation coefficient，between DHP L_e and LAI-2000 L_e, and significance level. ** $P<0.01$

1~5 环（4.38±1.19）。LAI-2000 L_e 在不同天顶角范围内也不存在明显差异，变异系数为 7.4%。然而，LAI-2000 L_e 在 1~3 环值最大，为 5.16±1.44。DHP L_e 和 LAI-2000 L_e 均在 0°~75°天顶角值最小，主要源于随天顶角的增大林冠中的多重散射效应逐渐增大。

3.2.6　直接法和 DHP 测定的叶面积指数

对于阔叶红松林，在 0°~45°、30°~60°、45°~60° 及 0°~75°天顶角，DHP 测定的有效 LAI（DHP L_e）与直接法测定的 LAI（LAI_{dir}）均显著相关（$P<0.01$），R^2 值分别为 0.71、0.64、0.75 及 0.67。0°~75°天顶角的 RMSE 最大，值为 0.51，45°~60°的 RMSE 最小为 0.42，表明利用 DHP 测定 LAI 时，天顶角选择 45°~60°效果最优。然而，在不同天顶角范围内，DHP L_e 均低估 LAI_{dir}，且随 LAI 的增大，其低估程度也增大。在 0°~45°、30°~60°、45°~60° 及 0°~75°天顶角，DHP L_e 分别比 LAI_{dir} 低估 61%±6%、60%±7%、59%±7%及 65%±6%，平均低估 61%（图 3-4）。

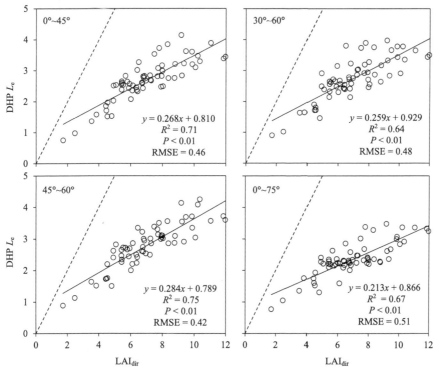

图 3-4　阔叶红松林不同天顶角范围内直接法测定的 LAI（LAI_{dir}）与 DHP 测定的有效 LAI（DHP L_e）的相关性分析

Fig. 3-4　Relationship between LAI estimated by litter collection（LAI_{dir}）and effective LAI from DHP（DHP L_e）with different zenith angle ranges in the mixed broadleaved-Korean pine forest

虚线为 1∶1 线

The dotted line indicates the 1∶1 relationship

对于阔叶红松林，在不同天顶角范围内，DHP L_e经过木质比例、集聚指数和针簇比校正后（$LAI_{DHP-WCN}$）均与LAI_{dir}显著相关（$P<0.01$）（图3-5）。相对于校正前，R^2在0°~45°、30°~60°、45°~60°及0°~75°天顶角分别提高了0.13、0.20、0.14及0.16；RMSE值分别减小了0.02、0.03、0.03及0.14。经过木质部及集聚效应校正后，$LAI_{DHP-WCN}$与LAI_{dir}间的差异明显减小，但在0°~45°、30°~60°、45°~60°及0°~75°天顶角，$LAI_{DHP-WCN}$仍比LAI_{dir}分别低估40%±7%、38%±8%、37%±7%及46%±8%。该结果表明，DHP在测定LAI时，由木质比例、集聚指数和针簇比产生的总误差分别为21%、22%、22%及19%。由木质部和集聚效应产生的平均总误差为21%，表明这些因素是决定DHP测定LAI精度的主要因素，但不能完全解释DHP与直接法测定的LAI间的差异。

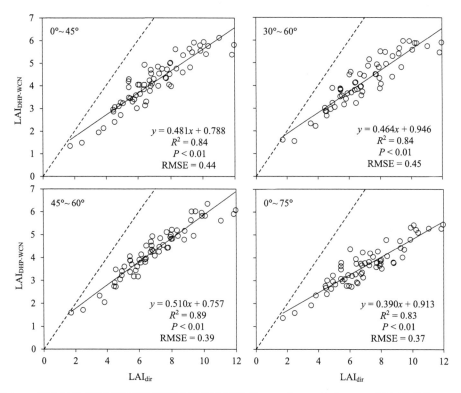

图3-5　阔叶红松林不同天顶角范围内直接法测定的LAI（LAI_{dir}）与DHP测定的有效LAI经过木质比例、集聚指数和针簇比校正后（$LAI_{DHP-WCN}$）的相关性分析

Fig. 3-5　Relationship between LAI estimated by litter collection（LAI_{dir}）and effective LAI from DHP after correcting for the woody-to-total area ratio，clumping index and needle-to-shoot area ratio（$LAI_{DHP-WCN}$）with different zenith angle ranges in the mixed broadleaved-Korean pine forest

虚线为1∶1线

The dotted line indicates the 1∶1 relationship

对于阔叶红松林，在 0°~45°、30°~60°、45°~60° 及 0°~75° 天顶角，DHP L_e 经过自动曝光校正后（LAI_{DHP-E}）均与 LAI_{dir} 显著相关（$P<0.01$）（图 3-6），R^2 值分别为 0.71、0.64、0.75 及 0.67，RMSE 值分别为 0.64、0.73、0.61 及 0.56。相对于校正前（图 3-4），LAI_{DHP-E} 与 LAI_{dir} 间的差异明显减小。然而，在 0°~45°、30°~60°、45°~60° 及 0°~75° 天顶角，LAI_{DHP-E} 比 LAI_{dir} 分别低估 36%±10%、34%±11%、33%±10% 及 44%±10%，平均低估 37%。该结果表明，针阔混交林内，自动曝光是影响 DHP 测定 LAI 精度的另一重要因素，但只校正自动曝光产生的误差仍不足以解释 DHP 与直接法测定的 LAI 间的差异。

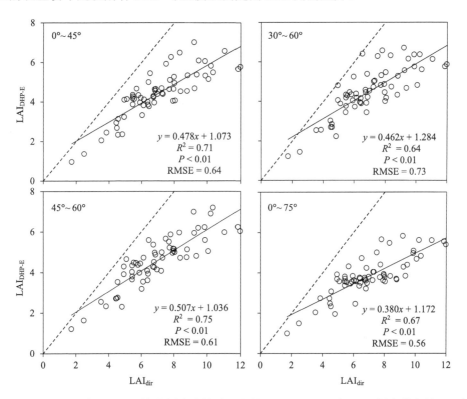

图 3-6　阔叶红松林不同天顶角范围内直接法测定的 LAI（LAI_{dir}）与 DHP 测定的有效 LAI 经过自动曝光校正后（LAI_{DHP-E}）的相关性分析

Fig. 3-6　Relationship between LAI estimated by litter collection（LAI_{dir}）and effective LAI from DHP after correcting for the automatic exposure（LAI_{DHP-E}）with different zenith angle ranges in the mixed broadleaved-Korean pine forest

虚线为 1：1 线

The dotted line indicates the 1：1 relationship

对于阔叶红松林，在 0°~45°、30°~60°、45°~60° 及 0°~75° 天顶角，DHP L_e 经过木质比例、集聚指数、针簇比及自动曝光校正后（$LAI_{DHP-WCNE}$）均与 LAI_{dir} 显著相关（$P<0.01$）（图 3-7），R^2 值分别为 0.84、0.83、0.89 及 0.83，RMSE 值分别为 0.73、0.75、0.66 及 0.62。经过以上因素校正后，DHP 测定 LAI 的精度得到明显提高。虽然，$LAI_{DHP-WCNE}$ 在 0°~75° 天顶角仍比 LAI_{dir} 低估 13%，但在不同天顶角范围内（0°~45°、30°~60°、45°~60° 及 0°~75°），$LAI_{DHP-WCNE}$ 与 LAI_{dir} 的平均差异小于 5%。相对于只考虑木质部和集聚效应产生的误差，同时考虑木质部、集聚效应和自动曝光产生的误差后，DHP 测定 LAI 的精度在 0°~45°、30°~60°、45°~60° 及 0°~75° 天顶角均得到明显提高，其值分别为 39%、35%、32% 及 36%，精度平均提高 36%。

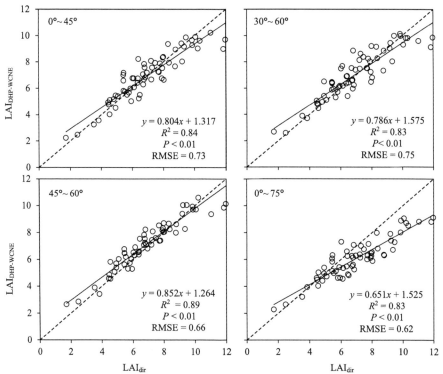

图 3-7　阔叶红松林不同天顶角范围内直接法测定的 LAI（LAI_{dir}）与 DHP 测定的有效 LAI 经过木质比例、集聚指数、针簇比和自动曝光校正后（$LAI_{DHP-WCNE}$）的相关性分析

Fig. 3-7　Relationship between LAI estimated by litter collection（LAI_{dir}）and effective LAI from DHP after correcting for the woody-to-total area ratio, clumping index, needle-to-shoot area ratio and automatic exposure（$LAI_{DHP-WCNE}$）with different zenith angle ranges in the mixed broadleaved-Korean pine forest

虚线为 1∶1 线

The dotted line indicates the 1∶1 relationship

对于阔叶混交林，在 0°~45°、30°~60°、45°~60°及 0°~75°天顶角，DHP 测定的有效 LAI（DHP L_e）与直接法测定的 LAI（LAI_{dir}）均显著相关（$P<0.01$），R^2 值分别为 0.45、0.40、0.58 及 0.42，RMSE 值分别为 0.31、031、0.28 及 0.24（图 3-8）。然而，在不同天顶角范围内，DHP L_e 均低估 LAI_{dir}，且随 LAI 的增大，其低估程度也增大。在 0°~45°、30°~60°、45°~60°及 0°~75°天顶角，DHP L_e 分别比 LAI_{dir} 低估 51%±5%、57%±5%、56%±4%及 61%±4%，平均低估 56%。不同天顶角内测定的 DHP L_e 经过木质部和集聚效应的校正后（LAI_{DHP-WC}），其精度均未得到明显提高，仍比 LAI_{dir} 平均低估 53%，但二者间均显著相关（$P<0.01$）（图 3-9）。

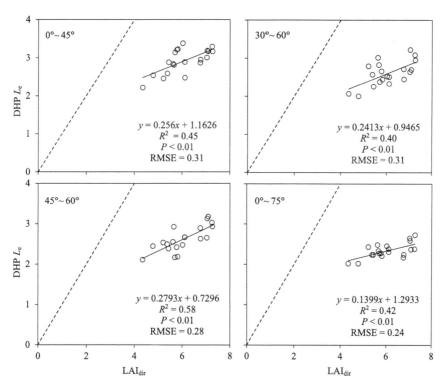

图 3-8　阔叶混交林不同天顶角范围内直接法测定的 LAI（LAI_{dir}）与 DHP 测定的有效 LAI（DHP L_e）的相关性分析

Fig. 3-8　Relationship between LAI estimated by litter collection（LAI_{dir}）and effective LAI from DHP（DHP L_e）with different zenith angle ranges in mixed broadleaf forests

虚线为 1∶1 线

The dotted line indicates the 1∶1 relationship

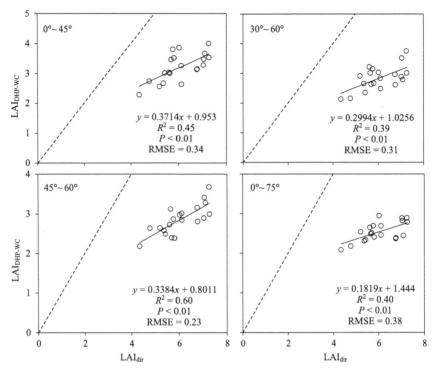

图 3-9　阔叶混交林不同天顶角范围内直接法测定的 LAI（LAI_{dir}）与 DHP 测定的有效 LAI 经
过木质比例和集聚指数校正后（$\text{LAI}_{\text{DHP-WC}}$）的相关性分析

Fig. 3-9　Relationship between LAI estimated by litter collection（LAI_{dir}）and effective LAI from
DHP after correcting for the woody-to-total area ratio and clumping index（$\text{LAI}_{\text{DHP-WC}}$）with different
zenith angle ranges in mixed broadleaf forests

虚线为 1∶1 线

The dotted line indicates the 1∶1 relationship

　　对于阔叶混交林，在 0°~45°、30°~60°、45°~60°及 0°~75°天顶角，DHP L_{e}
经过自动曝光校正后（$\text{LAI}_{\text{DHP-E}}$）均与 LAI_{dir} 显著相关（$P<0.01$）（图 3-10），
R^2 值分别为 0.45、0.40、0.58 及 0.42，RMSE 值分别为 0.39、0.41、0.33 及 0.23。
相对于校正前（图 3-8），$\text{LAI}_{\text{DHP-E}}$ 与 LAI_{dir} 间的差异明显减小。然而，在 0°~45°、
30°~60°、45°~60°及 0°~75°天顶角，$\text{LAI}_{\text{DHP-E}}$ 比 LAI_{dir} 分别低估 19%±8%、
28%±8%、27%±7%及 35%±7%，平均低估 27%。该结果表明，阔叶混交林
内自动曝光也是影响 DHP 测定 LAI 精度的重要因素，但也不足以解释 DHP L_{e}
与 LAI_{dir} 间的差异。

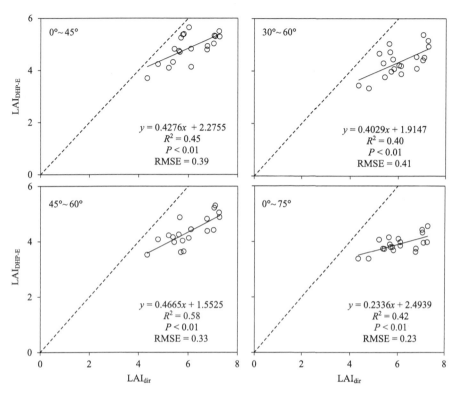

图 3-10　阔叶混交林不同天顶角范围内直接法测定的 LAI（LAI_{dir}）与 DHP 测定的有效 LAI 经
过自动曝光校正后（LAI_{DHP-E}）的相关性分析

Fig. 3-10　Relationship between LAI estimated by litter collection（LAI_{dir}）and effective LAI from
DHP after correcting for the automatic exposure（LAI_{DHP-E}）with different zenith angle ranges in
mixed broadleaf forests

虚线为 1∶1 线

The dotted line indicates the 1∶1 relationship

　　对于阔叶混交林，在 0°~45°、30°~60°、45°~60°及 0°~75°天顶角，DHP L_e 经
过木质比例、集聚指数及自动曝光校正后（$LAI_{DHP-WCE}$）均与 LAI_{dir} 显著相关
（$P<0.01$）（图 3-11）。经过以上因素校正后，DHP 测定 LAI 的精度得到明显
提高，但在 0°~45°、30°~60°、45°~60°及 0°~75°天顶角，$LAI_{DHP-WCE}$ 比 LAI_{dir} 仍
分别低估 12%±12%、21%±9%、21%±7%及 29%±7%，平均低估 21%。结果
表明该校正方案在针阔混交林内效果更优。

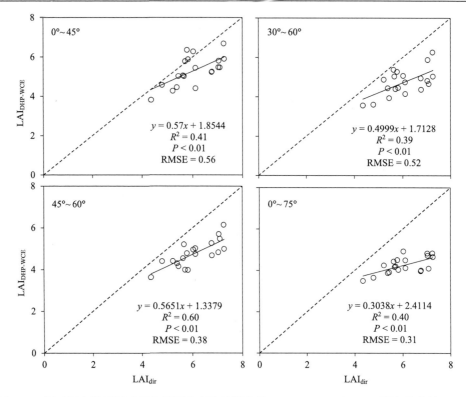

图 3-11　阔叶混交林不同天顶角范围内直接法测定的 LAI（LAI_{dir}）与 DHP 测定的有效 LAI 经过木质比例、集聚指数和自动曝光校正后（$LAI_{DHP-WCE}$）的相关性分析

Fig. 3-11　Relationship between LAI estimated by litter collection（LAI_{dir}）and effective LAI from DHP after correcting for the woody-to-total area ratio，clumping index and automatic exposure（$LAI_{DHP-WCE}$）with different zenith angle ranges in mixed broadleaf forests

虚线为 1：1 线

The dotted line indicates the 1：1 relationship

3.2.7　直接法和 LAI-2000 测定的叶面积指数

阔叶红松林内，在 1~3 环、3~4 环、4 环及 1~5 环不同天顶角 LAI_{dir} 与 LAI-2000 L_e 均显著相关（$P < 0.01$）（图 3-12），R^2 和 RMSE 值分别为 0.80 和 0.67、0.67 和 0.71、0.63 和 0.74、0.69 及 0.65。然而，图 3-12 中不同天顶角范围内的斜率均小于 1，表明 LAI-2000 测定的 LAI 均低于 LAI_{dir}。在 1~3 环、3~4 环、4 环及 1~5 环天顶角，LAI-2000 L_e 比 LAI_{dir} 分别低估 25%±10%、32%±11%、34%±12%及 36%±10%，平均低估 32%。

阔叶红松林内，在 1~3 环、3~4 环、4 环及 1~5 环天顶角，LAI_{dir} 与 LAI-2000

测定的 LAI 经过木质比例、集聚指数和针簇比校正后（LAI$_{2000-WCN}$）均显著相关（$P<0.01$）（图 3-13）。相对于校正前（图 3-12），在 1~3 环、3~4 环、4 环及 1~5 环天顶角 R^2 均增大，值分别为 0.81、0.83、0.80 及 0.84；而 RMSE 值均减小，其值分别为 0.61、0.64、0.71 及 0.61。经过以上因素校正后，LAI-2000 测定 LAI 的精度得到明显提高。不同天顶角范围内，LAI$_{dir}$ 与 LAI$_{2000-WCN}$ 间的平均差异小于 6%；但在 1~3 环天顶角，LAI$_{2000-WCN}$ 比 LAI$_{dir}$ 高估 17%。对于 LAI-2000 L_e，在 1~3 环、3~4 环、4 环及 1~5 环天顶角，木质比例、集聚指数和针簇比产生的总误差分别为 42%、36%、35% 和 34%，均值为 37%。

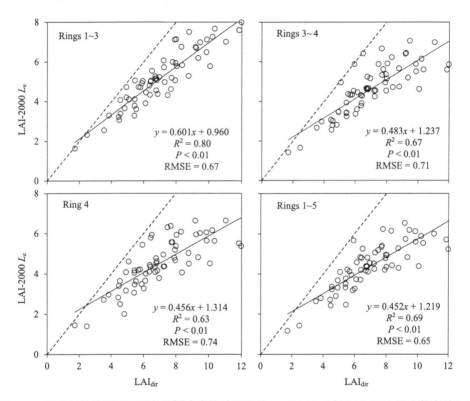

图 3-12 阔叶红松林不同天顶角范围内直接法测定的 LAI（LAI$_{dir}$）与 LAI-2000 测定的有效 LAI（LAI-2000 L_e）的相关性分析

Fig. 3-12 Relationship between LAI estimated by litter collection（LAI$_{dir}$）and effective LAI from LAI-2000（LAI-2000 L_e）with different zenith angle ranges in the mixed broadleaved-Korean pine forest

虚线为 1∶1 线

The dotted line indicates the 1∶1 relationship

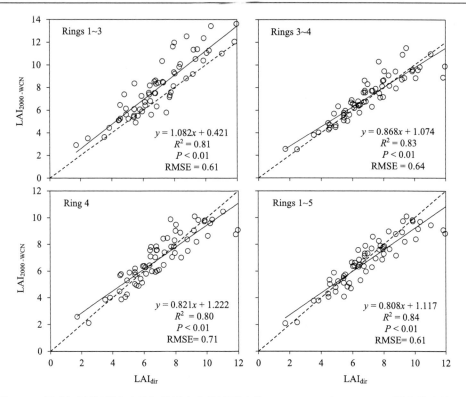

图 3-13　阔叶红松林不同天顶角范围内直接法测定的 LAI（LAI_{dir}）与 LAI-2000 测定的有效 LAI 经过木质比例、集聚指数和针簇比校正后（$LAI_{2000\text{-}WCN}$）的相关性分析

Fig. 3-13　Relationship between LAI estimated by litter collection（LAI_{dir}）and effective LAI from LAI-2000 after correcting for the woody-to-total area ratio，clumping index and needle-to-shoot area ratio（$LAI_{2000\text{-}WCN}$）with different zenith angle ranges in the mixed broadleaved-Korean pine forest

虚线为 1∶1 线

The dotted line indicates the 1∶1 relationship

3.2.8　不同森林类型直接法和间接法测定的叶面积指数

3.2.8.1　不同森林类型 DHP 和 LAI-2000 测定的林隙分数的比较

阔叶红松林、择伐林、白桦次生林、红松人工林和兴安落叶松人工林内，DHP 和 LAI-2000 测定的林隙分数随天顶角的增大均呈现减小的趋势（图 3-14）。DHP 测定的林隙分数在 5 种森林类型内均高于 LAI-2000 的测定值，主要源于 DHP 测定林隙分数时采用了不正确的自动曝光设置。相对而言，白桦次生林内，DHP 和 LAI-2000 测定的不同天顶角范围内的林隙分数均高于其他森林类型，可能主要源于物种组成的差异。

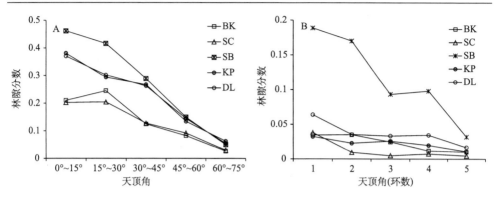

图 3-14　比较 5 种不同森林类型内两种光学仪器法（DHP，A 和 LAI-2000，B）测定的
林隙分数

Fig. 3-14　Gap fraction comparison among DHP（A）and LAI-2000（B）in five different forest stands

BK. 阔叶红松林；SC. 择伐林；SB. 白桦次生林；KP. 红松人工林；DL. 兴安落叶松人工林

BK. Mixed broadleaved-Korean pine forest；SC. Selection cutting forest；SB. Secondary birch forest；KP. Korean pine

plantation；DL. Dahurian larch plantation

3.2.8.2　不同森林类型光学仪器法的校正参数

5 种森林类型内，木质比例（α）的变化为 3%~8%，表明光学仪器法测定 LAI
时因忽略木质部对 LAI 的贡献，最大造成高估 8%的偏差（表 3-6）。不同森林

表 3-6　5 种不同森林类型内光学仪器法测定的 LAI 的校正参数：木质比例（α）、集聚指数（Ω_E）
和针簇比（γ_E）

Table 3-6　Correction factors for woody-to-total area ratio（α），clumping index（Ω_E）and
needle-to-shoot area ratio（γ_E）on optical LAI in five different forest stands

森林类型 Forest stands	木质比例 α/%	集聚指数 Ω_E	针簇比 γ_E
阔叶红松林 Mixed broadleaved-Korean pine forest	4	0.90	1.41
择伐林 Selection cutting forest	3	0.91	1.28
白桦次生林 Secondary birch forest	5	0.91	1.08
红松人工林 Korean pine plantation	5	0.89	1.46
兴安落叶松人工林 Dahurian larch plantation	8	0.92	1.27

类型内，集聚指数（Ω_E）不存在明显差异，兴安落叶松人工林内，Ω_E 最大，为 0.92；红松人工林内，Ω_E 最小，为 0.89。红松人工林内具有最大的簇内集聚效应，即 γ_E 最大，值为 1.46；而白桦次生林内的 γ_E 最小，值为 1.08，主要源于白桦次生林内阔叶树种占很大比例（对于阔叶树种，其 γ_E=1.0），在计算整个林分的 γ_E 时增加了阔叶树种的权重。

3.2.8.3 不同森林类型直接法和间接法测定叶面积指数的比较

直接法测定的 LAI 在择伐林（SC）内的值最大，为 9.42±0.66（均值±标准差），其次为阔叶红松林（BK）、红松人工林（KP）、兴安落叶松人工林（DL）和白桦次生林（SB），值依次为 8.84±1.04、7.95±1.07、5.59±1.13 及 3.69±0.48（表 3-7）。总体来看，不同森林类型内光学仪器法测定的有效 LAI（DHP L_e 和 LAI-2000 L_e）均存在低估直接法测定的 LAI（LAI_{dir}）的现象（表 3-7，图 3-15）。阔叶红松林、择伐林、白桦次生林、红松人工林和兴安落叶松人工林内，DHP L_e 依次比 LAI_{dir} 平均低估 65%、68%、44%、70% 及 59%，表明直接法和 DHP L_e 间

表 3-7　比较 5 种不同森林类型内直接法和光学仪器法（DHP 和 LAI-2000）测定的 LAI 均值（标准差）

Table 3-7　Comparison of the mean LAI（standard deviations，SD）from direct and optical（DHP and LAI-2000）methods in five different forest stands

森林类型 Forest stands	LAI_{dir}	DHP L_e	LAI_{DHP-C}	LAI-2000 L_e	LAI_{2000-C}
阔叶红松林	8.84（1.04）	3.05（0.18）	8.81（0.78）	5.28（0.85）	8.33（1.35）
Mixed broadleaved-Korean pine forest					
择伐林	9.42（0.66）	2.99（0.36）	6.82（0.83）	6.82（0.77）	9.31（1.05）
Selection cutting forest					
白桦次生林	3.69（0.48）	1.96（0.12）	3.47（0.21）	3.11（0.41）	3.57（0.48）
Secondary birch forest					
红松人工林	7.95（1.07）	2.33（0.19）	6.09（0.50）	5.12（1.04）	8.56（1.74）
Korean pine plantation					
兴安落叶松人工林	5.59（1.13）	2.21（0.29）	4.69（0.70）	4.23（1.43）	5.43（1.84）
Dahurian larch plantation					

注：LAI_{dir}. 直接法测定的 LAI；DHP L_e. DHP 测定的有效 LAI；LAI_{DHP-C}. DHP L_e 经过木质比例、集聚指数、针簇比和自动曝光校正后的 LAI；LAI-2000 L_e. LAI-2000 测定的有效 LAI；LAI_{2000-C}. LAI-2000 L_e 经过木质比例、集聚指数和针簇比校正后的 LAI

Note: LAI_{dir}. LAI from direct method；DHP L_e. Effective LAI derived from the DHP method；LAI_{DHP-C}. DHP L_e after correction for woody-to-total area ratio，clumping index，needle-to-shoot area ratio and automatic exposure；LAI-2000 L_e. Effective LAI derived from the LAI-2000 method；LAI_{2000-C}. Represents LAI-2000 L_e after correction for woody-to-total area ratio，clumping index and needle-to-shoot area ratio

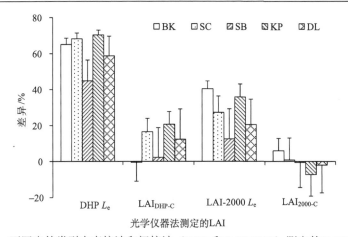

图 3-15 不同森林类型内直接法和间接法（DHP 和 LAI-2000）测定的 LAI 间的差异

Fig. 3-15 Differences between direct LAI and indirect LAI（DHP and LAI-2000）in five different forest stands

差异（%）=（直接法测定的 LAI–间接法测定的 LAI）/ 直接法测定的 LAI×100，其中间接法测定的 LAI 包括 DHP 和 LAI-2000 测定的有效 LAI 和经过校正的 LAI，森林类型缩写同图 3-14

Difference（%）=（LAI_{dir}– indirect LAI）/ LAI_{dir} ×100. Indirect LAI includes the effective and corrected LAI from DHP and LAI-2000. All forest abbreviations are the same as in fig. 3-14

的差异受物种组成的影响。DHP L_e 经过木质部、冠层内的集聚效应及不正确的自动曝光设置后，其精度得到大幅度的提高。在阔叶红松林、白桦次生林和兴安落叶松人工林内，校正后的值与 LAI_{dir} 间的差异分别为 1%、2% 和 12%；然而，在择伐林和红松人工林内，DHP L_e 经过校正后仍然比 LAI_{dir} 分别低估 17% 和 21%。

相对而言，在阔叶红松林、择伐林、白桦次生林、红松人工林和兴安落叶松人工林内，LAI-2000 测定的有效 LAI（LAI-2000 L_e）分别比 LAI_{dir} 低估 40%、27%、13%、36% 和 21%，同 DHP 的测定结果一致，也是白桦次生林内的低估程度最小。而且，同一森林类型内，LAI-2000 L_e 比 LAI_{dir} 的低估程度均小于 DHP L_e，表明不经过校正，LAI-2000 的测定精度高于 DHP。LAI-2000 L_e 经过木质部和冠层内的集聚效应校正后，其精度也得到明显提高，5 种不同森林类型内，LAI-2000 L_e 经过校正后，其值与 LAI_{dir} 的差异均小于 7%，表明该校正方案不仅适用于针阔混交林，而且适用于落叶林。值得注意的是有些森林类型内，光学仪器法测定的 L_e 经过校正后存在高于 LAI_{dir} 的现象。阔叶红松林内，DHP L_e 经过校正后比 LAI_{dir} 平均高估 1%；相对而言，LAI-2000 L_e 经过校正后，在白桦次生林、红松人工林和兴安落叶松人工林内，分别比 LAI_{dir} 平均高估 1%、7% 和 2%。

3.2.8.4 DHP 和 LAI-2000 测定叶面积指数的比较

总体来讲，5 种不同森林类型内 DHP 测定的 L_e 均低于 LAI-2000（表 3-7，图 3-16）。

阔叶红松林、择伐林、白桦次生林、红松人工林及兴安落叶松人工林内，DHP L_e 分别比 LAI-2000 L_e 平均低估 42%、56%、37%、54%和48%。然而，DHP L_e 和 LAI-2000 L_e 显著相关，R^2=0.57、RMSE=0.33 及 $P<0.01$（表 3-8）。DHP L_e 和 LAI-2000 L_e 经过校正后，二者相关性明显增强（图 3-16），如 R^2 值增加了 0.09（表 3-8）。

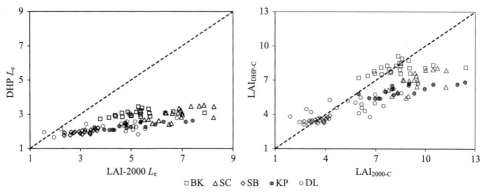

图 3-16　5 种不同森林类型内两种光学仪器法（DHP 和 LAI-2000）测定的 LAI 间的散点图分析

Fig. 3-16　Scatter analysis of the LAI estimated by the DHP and LAI-2000 methods in five different forest stands

DHP L_e. DHP 测定的有效 LAI；LAI-2000 L_e. LAI-2000 测定的有效 LAI；LAI$_{DHP-C}$. DHP L_e 经过木质比例、集聚指数、针簇比和自动曝光校正后的 LAI；LAI$_{2000-C}$. LAI-2000 L_e 经过木质比例、集聚指数和针簇比校正后的 LAI. 虚线为 1∶1 线，森林类型缩写同图 3-14

DHP L_e. Effective LAI derived from the DHP method；LAI-2000 L_e. Effective LAI derived from the LAI-2000 method；LAI$_{DHP-C}$. DHP L_e after correction for woody-to-total area ratio，clumping index，needle-to-shoot area ratio and automatic exposure；LAI$_{2000-C}$. Represents LAI-2000 L_e after correction for woody-to-total area ratio，clumping index and needle-to-shoot area ratio. The dotted line represents the 1∶1 relationship，and all forest abbreviations are the same as in fig. 3-14

3.2.8.5　直接法和 DHP、LAI-2000 测定叶面积指数的比较

5 种不同森林类型内，直接法测定的 LAI（LAI$_{dir}$）与 DHP、LAI-2000 测定的有效 LAI（DHP L_e 和 LAI-2000 L_e）均显著相关（$P<0.01$），R^2 值分别为 0.79 和 0.75，RMSE 的值分别为 0.23 和 0.76（表 3-8）。对于 DHP 方法，DHP L_e 经过木质部、冠层内的集聚效应及自动曝光校正后，其与 LAI$_{dir}$ 的相关性并未明显增强。相对而言，LAI-2000 L_e 经过木质部和冠层内的集聚效应校正后，其值与 LAI$_{dir}$ 的相关性明显增强（表 3-8，图 3-17），如 R^2 值由 0.75 变为 0.83，表明木质部和冠层内的集聚效应能够很好地解释 LAI-2000 测定 LAI 时产生的偏差，即该校正方案适用于不同的森林类型。

表 3-8 直接法测定的 LAI（LAI_{dir}）与光学仪器法（DHP 和 LAI-2000）测定的 LAI 间的回归方程

Table 3-8 Correlation between litter collection LAI（LAI_{dir}）and optical LAI（DHP and LAI-2000）

LAI 类型 （x vs. y） LAI formats （x vs. y）	a	b	R^2	RMSE	P
LAI-2000 L_e vs. DHP L_e	0.2480	1.317	0.57	0.33	<0.01
LAI_{2000-C} vs. LAI_{DHP-C}	0.557*	1.986	0.66	1.02	<0.01
LAI_{dir} vs. DHP L_e	0.1770	1.235	0.79	0.23	<0.01
LAI_{dir} vs. LAI_{DHP-C}	0.687*	1.049*	0.76	0.98	<0.01
LAI_{dir} vs. LAI-2000 L_e	0.524*	1.075*	0.75	0.76	<0.01
LAI_{dir} vs. LAI_{2000-C}	0.900*	0.810*	0.83	1.04	<0.01

注：方程类型为 $y=ax+b$，且给出回归方程的决定系数 R^2，均方根误差 RMSE 和概率性的 P 值，*代表斜率和 1 没有显著差异、截距和 0 没有显著差异（$P<0.05$），LAI 的缩写同表 3-7

Note: The expression used for regressions was $y=ax+b$. Coefficients of determination（R^2）, root mean squared errors（RMSE）and probability（P）of the regressions were reported. * Regressions in which the intercept does not differ from zero and the slope does not differ from 1（$P<0.05$）. All abbreviations in LAI formats are defined in table 3-7

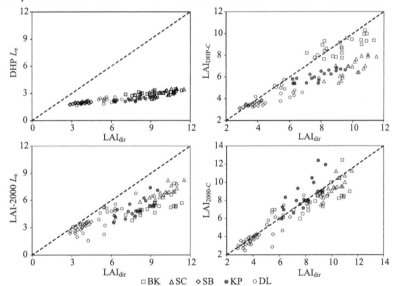

图 3-17 5 种不同森林类型内直接法和两种光学仪器法（DHP 和 LAI-2000）测定的 LAI 间的散点图分析

Fig. 3-17 Scatter analysis of the LAI estimated by the direct method and two optical methods（DHP and LAI-2000）in five different forest stands

LAI_{dir}. 直接法测定的 LAI；DHP L_e. DHP 测定的有效 LAI；LAI_{DHP-C}. DHP L_e 经过木质比例、集聚指数、针簇比和自动曝光校正后的 LAI；LAI-2000 L_e. LAI-2000 测定的有效 LAI；LAI_{2000-C}. LAI-2000 L_e 经过木质比例、集聚指数和针簇比校正后的 LAI；BK. 阔叶红松林；SC. 择伐林；SB. 白桦次生林；KP. 红松人工林；DL. 兴安落叶松人工林

LAI_{dir}. LAI from direct method；DHP L_e. Effective LAI derived from the DHP method；LAI_{DHP-C}. DHP L_e after correction for woody-to-total area ratio, clumping index, needle-to-shoot area ratio and automatic exposure；LAI-2000 L_e. Effective LAI derived from the LAI-2000 method；LAI_{2000-C}. Represents LAI-2000 L_e after correction for woody-to-total area ratio, clumping index and needle-to-shoot area ratio；BK. Mixed broadleaved-Korean pine forest；SC. Selection cutting forest；SB. Secondary birch forest；KP. Korean pine plantation；DL. Dahurian larch plantation

3.3 讨　　论

3.3.1　直接法（凋落物法）的实用性

近年来，利用一定周期内凋落叶产生的 LAI 乘以常绿针叶的平均叶寿命来测定常绿针叶林的 LAI 得到广泛应用（Sprintsin et al., 2011; Guiterman et al., 2012）。因此，凋落物法不仅能用于落叶林 LAI 的测定，同时适用于常绿针叶林或针阔混交林（如阔叶红松林）。准确测定主要树种的 SLA 和常绿针叶树种的平均叶寿命是利用凋落物法测定针阔混交林 LAI 的关键步骤（Jurik et al., 1985）。本研究中，不仅测定了主要树种的 SLA，也考虑了其季节性变化。若忽略 SLA 的季节性变化，不可避免地会导致某一树种 LAI 的高估或者低估。然而，对于物种组成丰富的森林生态系统，其主要树种 SLA 季节性变化对 LAI 的贡献率并不显著。本研究中，阔叶红松林内，因主要树种 SLA 的季节性差异导致估测叶面积最大时期 LAI 的误差低于 2%。本研究中，常绿针叶树种如红松、云杉和冷杉的平均叶寿命通过破坏性取样法直接测定。此外，树种的平均叶寿命是根据不同林层（主林层、次林层和被压层）树木的胸高断面积加权平均得到的，并非是其算术平均值。因此，本研究中利用凋落物法测定阔叶红松林叶面积最大时期的 LAI 总误差低于 5%，其主要来源于 SLA 和常绿针叶树种测定过程中的测量误差，以及其他不确定性因素，如测定凋落叶重量时电子天平产生的测量误差。

此外，根据式 3-6 对光学仪器法测定的有效 LAI 进行校正后，其值接近于真值（Chen, 1996）。本研究中，阔叶红松林内，LAI-2000 L_e 经过木质比例、集聚指数和针簇比的校正后，其值与 LAI_{dir} 的平均差异低于 6%（图 3-13），表明利用凋落物法测定针阔混交林叶面积最大时期的 LAI 是可行且有效的。利用凋落物法测定 LAI 优于破坏性取样法和异速生长方程法，主要源于其不具有破坏性。然而，相对于光学仪器法，凋落物法更加费时费力。因此，评估光学仪器法测定针阔混交林 LAI 的准确性至关重要，如何基于光学仪器法更加准确地测定森林生态系统的 LAI 亟待解决。

3.3.2　DHP 和 LAI-2000 的比较

通过本研究的对比分析，阔叶红松林内，在不同天顶角范围内 DHP 测定的 LAI（DHP L_e）低于 LAI-2000 测定的 LAI（LAI-2000 L_e），但二者显著相关（表 3-5）。研究表明，天顶角越接近天顶（如 0°~45°或者 1~3 环），DHP 和 LAI-2000 测定的 LAI 间的差异越大，可能主要由于在该天顶角范围内，DHP 测定 LAI 时曝光设置对于林冠层内的较大林隙更加敏感或者存在较多的阳生叶。对于 DHP，

45°~60°和 0°~75°天顶角 L_e 间的差异最大为 15%。而对于 LAI-2000，1~3 环和 1~5 环天顶角 L_e 间的差异最大为 15%，其他学者也得到类似结论，如 Chen 等（2006）得到 6 种不同森林类型内该差异的平均值为 16%；Sonnentag 等（2007）报道灌木丛内该差异为 6%~22%；Richardson 等（2011）报道该差异为 20%。相对于 LAI-2000，DHP 在不同天顶角范围内均存在低估 LAI 的现象，平均低估 43%，但二者测定的 LAI 显著相关（$P < 0.01$），尤其是 45°~60°（4 环），相关系数为 0.919。其他学者在不同森林类型内也得到类似结论，如 DHP L_e 比 LAI-2000 L_e 平均低估 18%（Frazer et al.，2000）；在橡木（*Quercus robur*）和山毛榉（*Fagus sylvatica*）混交林内，DHP L_e 比 LAI-2000 L_e 平均低估 7.5%（Mussche et al.，2001）。这些差异均低于本研究结果，主要源于在利用 DHP 测定 LAI 时采用了不同曝光设置。本研究中，DHP 测定 LAI 时采用自动曝光设置，但根据 Zhang 等（2005）建立的自动曝光状态下 DHP 测定的 L_e 与 LAI-2000 测定的 L_e 之间的相关关系对 DHP 测定的 L_e 进行校正，依此来减小自动曝光设置对测定 LAI 的影响。经过对自动曝光的校正后，不同天顶角范围内，DHP L_e 比 LAI-2000 L_e 平均低估 4.5%，表明正确的曝光设置能显著提高 DHP 测定 LAI 的精度。

3.3.3 直接法和 DHP、LAI-2000 测定的叶面积指数的比较

许多研究表明，光学仪器法间接测定的 LAI 通常显著低于直接法测定值（Smith et al.，1993；Brenner et al.，1995；Thimonier et al.，2010；Mason et al.，2012）。本研究表明，在阔叶红松林内，DHP 和 LAI-2000 测定的 LAI 比直接法测定值分别平均低估 61%和 32%；在阔叶混交林内，DHP 测定的 LAI 比直接法测定值平均低估 56%。其他学者也得到类似结论，如 Jonckheere 等（2005a）报道 DHP 测定的 LAI 比直接法测定值低估 55%；Dufrêne 和 Bréda（1995）报道，LAI-2000 测定的 LAI 比直接法测定值低估 30%。随 LAI 的增大，该低估程度呈增大趋势（Deblonde et al.，1994），可能主要源于林冠顶部的集聚效应随叶子密度的增大（即 LAI 增大）而增大（Cutini et al.，1998）。然而，直接法和间接法测定的 LAI 间存在很强的相关性（表 3-8，图 3-17），其他学者也得到了类似结论，如 Cutini 等（1998）在阔叶混交林内、Mason 等（2012）在松树林内等。

木质部和集聚效应是光学仪器法测定 LAI 的主要误差源已被广泛报道（Chen et al.，1997；Bréda，2003）。本研究中，阔叶红松林内木质部产生的平均误差（α）为 3%，且各样点间存在较大变异（0.2%~15.5%），主要源于该森林类型为原始林，其林冠结构存在较大的空间异质性。Zou 等（2009）报道 α 值的变化为 3%~41%；Fournier 等（1996）指出针叶林内木质部对 LAI 的贡献率（即 α 值）低于 5%。然而，Chen 等（1997）、Cutini 等（1998）及 Barclay 等（2000）均指出木质部对光学仪器法测定 LAI 具有重要影响。以往研究中，对于如何测定针阔混交林内的

α 值的研究尚少。本研究中，阔叶红松林内的 Ω_E 为 0.90，阔叶混交林的 Ω_E 为 0.89，与其他学者的研究结果相符（Chen et al.，2006）。红松的 γ_E 大于云杉和冷杉，主要源于红松五针一束的形态学特性，增加了其簇内集聚效应。阔叶红松林的 γ_E 为 1.43，其他学者也得到类似结论（Chen，1996；Kucharik et al.，1998）。

阔叶红松林内，光学仪器法测定的 LAI 经过 α、Ω_E 和 γ_E 的校正后，其精度得到明显提高。对于 DHP 和 LAI-2000，α、Ω_E 和 γ_E 产生的总误差分别为 21% 和 37%，与 Chen 等（1997）的研究结果相符（总误差为 10%~30%）。方法不同，以上因素产生的总误差也不相同，主要源于其测定的 LAI 值存在显著差异。相对于 LAI-2000，DHP 测定 LAI 的精度还受曝光设置的影响，这已得到众多学者的关注（Beckschäfer et al.，2013；Song et al.，2013）。然而，在阔叶红松林和阔叶混交林内，DHP 测定的 LAI 经过自动曝光校正后，仍比 LAI$_{dir}$ 分别平均低估 37% 和 27%，表明为提高 DHP 测定 LAI 的精度需同时考虑木质部、集聚效应和曝光设置的影响。

3.4　本　章　小　结

本研究利用凋落物法直接测定了阔叶红松林和阔叶混交林叶面积最大时期的 LAI，以此为参考值，评估了光学仪器法测定 LAI 的精度。在两个森林类型内，光学仪器法测定的 LAI 与直接法测定值均显著相关。

阔叶红松林内，云杉和冷杉的平均叶寿命大于红松，值分别为 3.91 年、3.68 年及 3.07 年。整个林分内，针叶树种的 LAI 占所有树种的 59.20%，阔叶树种占 40.80%；阔叶树种中，色木槭所占比例最大，值为 9.15%，紫椴次之，值为 7.41%。

阔叶红松林内，DHP 测定的 LAI 与 LAI-2000 测定的 LAI 在不同天顶角范围内均显著相关（$P<0.01$），最小相关系数 $r=0.787$。然而，DHP L_e 在不同天顶角范围内均小于 LAI-2000 L_e，即在 0°~45°、30°~60°、45°~60° 及 0°~75° 天顶角，DHP L_e 比 LAI-2000 L_e 分别低估 47%、40%、38% 及 45%。

阔叶红松林内，在 0°~45°、30°~60°、45°~60° 及 0°~75° 天顶角，DHP 测定的有效 LAI（DHP L_e）与直接法测定的 LAI（LAI$_{dir}$）均显著相关（$P<0.01$），然而，DHP L_e 分别比 LAI$_{dir}$ 低估 61%、60%、59% 及 65%，平均低估 61%；DHP L_e 经过木质部和集聚效应的校正后，精度在不同天顶角范围内平均提高 21%，再经过自动曝光设置的校正后其精度进一步提高 36%，且最优天顶角为 45°~60°；不同天顶角范围内，DHP L_e 经过以上因素校正后与 LAI$_{dir}$ 间的平均差异小于 5%。在 1~3 环、3~4 环、4 环及 1~5 环不同天顶角范围内 LAI$_{dir}$ 与 LAI-2000 L_e 均显著相关（$P<0.01$），然而，LAI-2000 L_e 比 LAI$_{dir}$ 分别低估 25%、32%、34% 及 36%，平均低估 32%；LAI-2000 L_e 经过木质部和集聚效应的校正后，精度在不同天顶角

范围内平均提高 37%，与 LAI_{dir} 间的平均差异小于 6%，且最优天顶角为 1~3 环。

阔叶混交林内，在 0°~45°、30°~60°、45°~60° 及 0°~75° 天顶角，DHP 测定的有效 LAI（DHP L_e）与直接法测定的 LAI（LAI_{dir}）均显著相关（$P < 0.01$），然而，DHP L_e 分别比 LAI_{dir} 低估 51%、57%、56% 及 61%，平均低估 56%。不同天顶角内测定的 DHP L_e 经过木质部和集聚效应的校正后（LAI_{DHP-WC}），其精度均未得到明显提高，仍比 LAI_{dir} 平均低估 53%，DHP L_e 只经过自动曝光校正后，不同天顶角范围内校正后的值比 LAI_{dir} 平均低估 27%；DHP L_e，经过木质部、集聚效应和自动曝光设置的校正后，其精度平均提高 35%，与 LAI_{dir} 间的平均差异为 21%，且最优天顶角为 0°~45°。

直接法测定的 LAI 在择伐林内的值最大，其次为阔叶红松林、红松人工林、兴安落叶松人工林和白桦次生林。总体来看，阔叶红松林、择伐林、白桦次生林、红松人工林和兴安落叶松人工林内，DHP L_e 依次比 LAI_{dir} 平均低估 65%、68%、44%、70% 及 59%，而 LAI-2000 L_e 分别比 LAI_{dir} 低估 40%、27%、13%、36% 和 21%，但直接法和两种光学仪器法测定的 LAI 间显著相关（$P < 0.01$）。5 种不同森林类型内，DHP L_e 经过校正后，其值与 LAI_{dir} 间的最大差异为 21%，而 LAI-2000 L_e 经过校正后，其值与 LAI_{dir} 间的最大差异为 7%，表明在测定不同森林类型叶面积最大时期的 LAI 过程中，LAI-2000 的测定效果优于 DHP。

4 直接法和间接法测定叶面积指数的季节动态

准确地测定 LAI 的季节变化对了解许多森林生理生态过程（如植物光合作用、林冠截留降水、蒸发散等）的季节变异具有重要意义（Chen et al., 1999; Richardson et al., 2013）。LAI 的季节变化是植被对气候变化响应的指示器。近年来，国内外对不同区域、不同森林类型、不同尺度上 LAI 动态变化的研究得到越来越多的关注。童鸿强等（2011）利用 LAI-2000 测定了华北落叶松（*Larix principis-rupprechtii*）人工林不同坡位的 7 个样地的林冠层、林下灌木层和草本层的 LAI 的数量变化和季节动态；苏宏新等（2012）利用 DHP、LAI-2000 和 CI-110 冠层分析仪对北京东灵山地区以蒙古栎（*Quercus mongolica*）为主的落叶阔叶林、华北落叶松林和油松（*Pinus tabuliformis*）林进行了 LAI 的动态监测；刘志理和金光泽（2013）利用 DHP 和 LAI-2000 测定了白桦次生林 LAI 的季节动态；Nasahara 等（2008）分析了日本落叶阔叶林 LAI 的垂直变化特性，并利用凋落物法和 LAI-2000、TRAC 测定了 LAI 的季节变化；McCormack 等（2015）分析了 6 种不同温带树种的 LAI 与细根生产力随季节变化的相关关系。以上的研究多数是利用光学仪器法测定不同森林类型 LAI 的季节变化，然而，如何利用直接法测定针阔混交林或常绿针叶林 LAI 的季节变化是目前众多学者面临的挑战，且评估光学仪器法测定针阔混交林 LAI 季节变化精度的研究尚少。

以小兴安岭地区的阔叶红松林、谷地云冷杉林、白桦次生林和红松人工林 4 种针阔混交林，以及帽儿山地区的阔叶混交林为研究对象，首先介绍一种测定针阔混交林或落叶林 LAI 季节变化的直接法；并利用直接法和间接法测定不同森林类型 LAI 的季节变化，以直接法测定值为参考，评估及校正间接法测定值的精度，为准确、高效地测定不同森林类型 LAI 的季节变化提供科学依据。

4.1 研究方法

4.1.1 直接法测定叶面积指数的季节变化

直接法测定 LAI 的季节动态主要分为三部分：①利用凋落物法测定不同森林类型叶面积最大时期的 LAI（LAI_{max}）；②结合 LAI_{max} 和主要树种的叶物候变化规律测定生长季节（5~8 月）LAI 的动态变化；③结合 LAI_{max} 和凋落物数据测定落叶季节（9~11 月）LAI 的动态变化，最后可得到 LAI 完整的季节动态。

4.1.1.1 生长季节叶面积指数的测定

（1）阔叶树种

通过展叶调查测定小兴安岭和帽儿山地区主要落叶阔叶树种的叶物候变化规律。小兴安岭地区：对紫椴、色木槭、枫桦、水曲柳、裂叶榆、春榆、青楷槭、花楷槭、白桦和毛榛子 10 个物种，在 2012 年 5 月初至 8 月初，每月月初、月中进行展叶调查。帽儿山地区：对色木槭、紫椴、春榆、水曲柳和暴马丁香 5 个物种，在 2012 年 5 月 1 日、5 月 12 日、5 月 21 日、5 月 28 日、6 月 4 日、6 月 12 日、6 月 22 日、7 月 5 日、7 月 15 日和 8 月 1 日进行展叶调查。两个地区的调查方案相同。每个树种选择 3 株样树，每株样树选择一个样枝。每个时期的调查内容包括：①记录样枝上新生叶片的数量，本研究中将叶片长度大于 0.5 cm 的叶子定义为新生叶片；②记录样枝上每个新生叶的叶长和叶宽。因此，根据式 4-1 可测定每个树种各样枝上所有叶片在 t 时期的总叶面积[即 $LA_{total}(t)$]：

$$LA_{total}(t)=\sum_{k=1}^{n}L_k(t)\times D_k(t)\times m \tag{4-1}$$

式中，$L_k(t)$ 为 t 时期叶片 k 的叶片长度，$D_k(t)$ 为 t 时期叶片 k 的叶片宽度，m 为叶面积调整系数。由于多数叶片形状的不规则特性，其叶面积并非是长宽的乘积，因此，本研究为得到准确的叶面积，测定了每个树种叶面积最大时期的调整系数。本研究根据式 4-2 计算各树种的单片叶面积（LA_{sin}）：

$$LA_{sin}=mL\times D \tag{4-2}$$

式中，L、D 和 m 在式 4-1 中已定义。其中小兴安岭地区主要树种叶面积的调整系数可参照 Liu 等（2012）的文献。为计算帽儿山地区主要树种的 m 值，各树种采集 90 片成熟样叶，测量每片样叶的叶长和叶宽，本研究中将叶片的最大长度和最大宽度定义为叶长和叶宽。然后用扫描仪测定每片样叶的叶面积，再根据式 4-2 即可得到各树种 m 值。

每个样枝上总叶面积在 t 时期的增加比例[即 $R(t)$]根据式 4-3 得到：

$$R(t)=LA_{total}(t)/LA_{total\text{-}max} \tag{4-3}$$

式中，$LA_{total}(t)$ 在式 4-1 已定义，$LA_{total\text{-}max}$ 为每个样枝上最大的总叶面积，大部分树种样枝上的总叶面积在 7 月中旬达到最大值。本研究利用叶面积的增加比例[$R(t)$]代替 LAI 的增加比例。因此，通过各落叶阔叶树种的 LAI_{max} 乘以各时期的叶面积增加比例，即可得到各树种生长季节 LAI 的动态变化。

（2）针叶树种

小兴安岭地区进行展叶调查的常绿针叶树种包括红松、云杉和冷杉，落叶针叶树种为兴安落叶松。调查时期和该地区的落叶阔叶树种相同。每个树种选择 3

株样树,每株样树选择 20 个样枝。每个时期的调查内容包括:①针叶长度,在样枝上随机选择 5~10 个样针测量其平均长度;②样枝的长度;③单位长度样枝上针叶的数量。因针叶的顶端是渐尖的,其顶部叶面积可忽略。因此,红松针叶的形状近似为三棱柱,云杉、冷杉和兴安落叶松的针叶近似为长方体;红松针叶的横截面近似为等边三角形,云杉针叶的横截面近似为正方形,冷杉和兴安落叶松针叶的横截面近似为长方形。各树种针叶横截面的各边长在生长季节几乎保持不变,因此,根据式 4-4~式 4-7 可得到各树种 t 时期每个样枝上的总叶面积[即 $NA_{total}(t)$]。

红松:$NA_{total}(t)=3a \times L_n(t) \times N_u(t) \times L_s(t)$ 　　　　　　(4-4)

云杉:$NA_{total}(t)=4a \times L_n(t) \times N_u(t) \times L_s(t)$ 　　　　　　(4-5)

冷杉:$NA_{total}(t)=2(b+c) \times L_n(t) \times N_u(t) \times L_s(t)$ 　　　　(4-6)

兴安落叶松:$NA_{total}(t)=2(d+e) \times L_n(t) \times N_u(t) \times L_s(t)$ 　　(4-7)

式中,红松针叶横截面的边长 a 为 1.00 mm,云杉针叶横截面的边长 a 为 0.98 mm,b 和 d 分别为冷杉和兴安落叶松针叶横截面的长边,值分别为 1.33 mm、0.60 mm,c 和 e 分别为冷杉和兴安落叶松针叶的横截面的短边,值分别为 0.44 mm、0.32 mm,$L_n(t)$ 为 t 时期针叶的平均长度,$N_u(t)$ 为 t 时期单位长度(1 cm)样枝上针叶的数量,$L_s(t)$ 为 t 时期样枝的长度。

同落叶阔叶树种一样,根据式 4-3 可得到各针叶树种生长季节新生叶片总叶面积的增加比例。然而,对于常绿针叶树种,总叶面积增加比例并不能代表其 LAI 的动态变化,只能代表新生针叶产生的 LAI 的动态变化,因为常绿针叶树种在展出新叶的同时也存在叶凋落现象。因此,为得到常绿针叶树种生长季节 LAI 的动态变化,需要测定因展出新叶增加的 LAI 的动态变化和因针叶凋落减少的 LAI 的动态变化。此前,需先根据式 4-8 得到 2012 年 5 月初各常绿针叶树种的 LAI(LAI$_{May-2012}$):

$$LAI_{May-2012} = LAI_{Aug-2011} - \sum_{t_1}^{t_2} LAI_{litter}(t) \qquad (4-8)$$

式中,LAI$_{Aug-2011}$ 为 2011 年 8 月初的 LAI$_{max}$,其根据 2011 年 9 月至 2012 年 8 月初凋落针叶产生的总 LAI 乘以常绿针叶的平均叶寿命得到;$\sum_{t_1}^{t_2} LAI_{litter}(t)$ 为 $t_1 \sim t_2$ 凋落针叶产生的总 LAI,t_1 为 Aug-2011,t_2 为 May-2012。本研究中假设从 8 月至次年 5 月初没有新生的常绿针叶展出。

常绿针叶树种 2012 年 11 月初的 LAI(LAI$_{Nov-2012}$)可根据式 4-9 得到:

$$LAI_{Nov-2012} = LAI_{Aug-2012} - \sum_{t_1}^{t_2} LAI_{litter}(t) \qquad (4-9)$$

式中,LAI$_{Aug-2012}$ 为 2012 年 8 月初的 LAI$_{max}$;$\sum_{t_1}^{t_2} LAI_{litter}(t)$ 为 $t_1 \sim t_2$ 凋落针叶产生

的总 LAI，t_1 为 Aug-2012，t_2 为 Nov-2012。式 4-8 和式 4-9 适用于 LAI 最大时期为 8 月初的森林类型，如阔叶红松林和红松人工林，而白桦次生林和谷地云冷杉林在 7 月得到最大 LAI，该公式中的 t_1 为 July-2012。

常绿针叶树种在生长季节因展出新叶而增加的总 LAI（ΔLAI_{total}）可根据式 4-10 得到：

$$\Delta LAI_{total} = LAI_{Nov\text{-}2012} + \sum_{t_1}^{t_2} LAI_{litter}(t) - LAI_{May\text{-}2012} \qquad (4\text{-}10)$$

式中，$LAI_{Nov\text{-}2012}$ 和 $LAI_{May\text{-}2012}$ 已在式 4-8 和 4-9 中定义；$\sum_{t_1}^{t_2} LAI_{litter}(t)$ 为 $t_1 \sim t_2$ 凋落针叶产生的总 LAI，t_1 为 May-2012，t_2 为 Nov-2012。然后，根据式 4-11 可得到各常绿针叶树种生长季节 t 时期的 LAI[即 LAI（t）]：

$$LAI(t) = LAI_{May\text{-}2012} + \Delta LAI_{total} \times R(t) - \sum_{t_1}^{t} LAI_{litter}(t) \qquad (4\text{-}11)$$

式中，R（t）已在式 4-3 中定义；$\sum_{t_1}^{t} LAI_{litter}(t)$ 为 $t_1 \sim t$ 凋落针叶产生的总 LAI，t_1 为 May-2012。综合各森林类型中不同树种的 LAI，即可得到整个林分在生长季节 LAI 的动态变化。

4.1.1.2　落叶季节叶面积指数的测定

阔叶红松林、谷地云冷杉林、白桦次生林和红松人工林内的凋落物收集时间为 2011 年 8 月至 2013 年 8 月初，每两周收集一次；阔叶混交林的时间为 2012 年 8 月 1 日、8 月 15 日、9 月 1 日、9 月 11 日、9 月 21 日、10 月 1 日、10 月 11 日和 10 月 21 日。对于常绿树种和落叶树种，落叶季节 t 时期的 LAI[即 LAI（t）] 均可利用式 4-12 得到：

$$LAI(t) = LAI_{max} - \sum_{t_1}^{t} LAI_{litter}(t) \qquad (4\text{-}12)$$

式中，LAI_{max} 为各树种叶面积最大时期的 LAI；$\sum_{t_1}^{t} LAI_{litter}(t)$ 为 $t_1 \sim t$ 凋落针叶产生的总 LAI，t_1 为各树种叶面积达到最大的时期。综合各森林类型中不同树种的 LAI，即可得到整个林分在落叶季节 LAI 的动态变化。

4.1.2　校正间接法测定叶面积指数的季节变化

采用 DHP 和 LAI-2000 两种光学仪器法测定小兴安岭地区各森林类型 LAI 的季节动态，采用 DHP 测定帽儿山地区阔叶混交林 LAI 的动态变化，具体操作程序已在 3.1.2.1 和 3.1.2.2 中阐述。两种光学仪器采集数据的时间分别与各森林类型中生长季节的展叶调查和落叶季节的凋落物收集时间同步。阔叶红松林：DHP 和 LAI-2000 均采集 832 个 LAI 数据，每次 64 个，共计 13 次。谷地云冷杉林和白桦次生林：DHP 和 LAI-2000 均采集 260 个 LAI 数据，每次 20 个，共计 13 次。红松人工林：DHP 和 LAI-2000 均采集 234 个 LAI 数据，每次 18 个，共计 13 次。阔叶混交林：DHP 采集 340 个 LAI 数据，每次 20 个，共计 17 次。两种光学仪器法计算 LAI 时均采用 45°~60°天顶角。

由式 3-6 可得到，木质部和冠层内的集聚效应是影响光学仪器法测定 LAI 精度的主要因素，相对于 LAI-2000，DHP 方法测定 LAI 还受采集数据时曝光设置的影响。本研究通过量化以上校正参数的季节性变异来提高光学仪器法测定不同森林类型 LAI 季节动态的准确性。

（1）针阔混交林

DHP 采集数据时均采用自动曝光设置，因此，校正 DHP 方法测定的 LAI 需要木质比例（α）、集聚指数（Ω_E）、针簇比（γ_E）及自动曝光校正系数（E）4 个参数；相对而言，校正 LAI-2000 测定的 LAI 需要 α、Ω_E 和 γ_E 3 个参数。其中，利用 3.1.2.3 中的方法计算 α、Ω_E 和 E 的季节性变异。根据 3.1.2.3 中测定 γ_E 的方法，在 2012 年 5~11 月，每月测定一次红松、云杉、冷杉及兴安落叶松的 γ_E。然而光学仪器法（DHP 和 LAI-2000）只能获得林分水平上的 LAI，因此，式 3-6 中林分水平上的 γ_E 是把各树种（针叶和阔叶）的 γ_E 按其胸高断面积（basal area, BA）占所有树种 BA 的比例加权得到，其季节性变化根据式 4-13 得到：

$$\gamma_{Ei} = \frac{\sum(\gamma_{ij} \times BA_{ij})}{\sum BA_{ij}} \tag{4-13}$$

式中，γ_{Ei} 为 i 时期林分水平上的 γ_E；γ_{ij} 为 i 时期树种 j 的 γ_E；BA_{ij} 为 i 时期树种 j 的 BA。

为得到不同树种各时期的 BA，首先根据样地每木检尺数据（调查时间为 8 月）分别得到各阔叶和针叶树种叶面积最大时期的 BA，然后利用各树种 LAI 的季节变化速率（利用叶面积最大时期的 LAI 将其他时期的 LAI 进行标准化）代替其 BA 的季节变化速率（即 LAI 最大时其 BA 最大，LAI 为 0 时其 BA 为 0），结合各树种叶面积最大时期的 BA 及其季节变化速率，得到各树种各时期相应的 BA，根据式 4-13 得到整个林分 γ_E 的季节动态。

（2）阔叶混交林

对于落叶阔叶树种，其林冠内不存在簇内集聚效应，即 $\gamma_E = 1.0$；木质比例（α）= WAI/PAI，WAI 为木质指数，PAI 为植被面积指数。PAI 是指林冠内叶片和木质部产生的总 LAI，其数值根据 L_e/Ω_E 得到（Chen and Black, 1992），因此，Ω_EWAI/L_e

可以替代式 3-4 中的 α 值，带入式 3-4 中（Leblanc and Chen，2001），根据式 4-14 得到 DHP 测定的 L_e 的校正值（LAI_{DHP}）：

$$\text{LAI}_{\text{DHP}} = \frac{L_e}{\Omega_E} - \text{WAI} \tag{4-14}$$

利用式 4-14 对 DHP 测定的 L_e 进行校正前，参照 Tillack 等（2014）的文献，根据主要树种的展叶和落叶的时期等叶物候变化规律将整个研究周期（5~10 月）分为 4 个阶段：①展叶初期（ELO）；②渐变期（GP），其包括两个物候期，从快速展叶期到 LAI 稳定期和从开始出现叶凋落现象到进入快速叶凋落期；③稳定期（SR），其包括从快速展叶期结束至 LAI 最大时期，以及开始出现少量凋落叶的时期；④凋落末期（LLF），从进入快速叶凋落期至叶凋落完毕。根据该原则，展叶初期是指 5 月 12 日；渐变期是指从 5 月 21 日至 6 月 4 日，以及从 9 月 21 日至 10 月 1 日；稳定期是指 6 月 12 日至 9 月 11 日；凋落末期是指 10 月 11 日。本研究中未对 5 月 1 日及 10 月 21 日 DHP 测定的 LAI 进行校正，因为此时期林冠中几乎不存在叶片，即 LAI 为 0。本研究通过 4 种方案对 DHP 测定的 L_e 进行校正。

校正方案 A：为与其他校正方案对比分析，方案 A 不对 L_e 进行校正，即 $\text{LAI}_{\text{DHP}} = L_e$。

校正方案 B：根据式 4-14，对木质部和集聚效应产生的误差进行校正。其中，利用 DHP 测定 5 月 1 日和 10 月 21 日的 LAI，即 WAI，因为此时林冠中不存在叶片。假设 WAI 对 LAI 的贡献率在其他有叶期保持不变，利用有叶期的 PAI 直接减去 WAI（5 月 1 日和 10 月 21 日的均值）来消除木质部对 DHP 测定 LAI 产生的误差，即忽略木质部对 LAI 贡献率的季节性差异。

通过 3 种方法测定集聚指数（Ω_E），为方便标记，以下内容中用 CI（clumping index）代替 Ω_E，

1）CC 法，计算式见 3.1.2.3 节。

2）LX 法，基于对数平均原理利用式 4-15 计算（Lang，1986；Lang and Xiang，1986）：

$$\text{CI}_{\text{LX}} = \frac{\ln[\overline{P(\theta)}]}{\overline{\ln[P(\theta,\varphi)]}} \tag{4-15}$$

式中，$\overline{P(\theta)}$ 为冠层中天顶角 θ 内的平均林隙分数；$\overline{\ln[P(\theta,\varphi)]}$ 为冠层中天顶角 θ 或方位角 φ 内林隙分数对数值的平均值。天空片段的大小对利用该方法计算 CI 至关重要。根据 Lang 和 Xiang 的理论（Lang，1986；Lang and Xiang，1986），天空片段的实际长度应该是叶组分（阔叶树种的叶组分为单个叶片，针叶树种的叶组分为簇）平均宽度的 10 倍。为在半球图像上计算该长度，不仅需要测定计算 CI 时的天顶角，还要测定林冠的平均高度及叶组分的宽度。例如，林冠平均高度为

15 m，叶组分的平均宽度为 0.05 m，则 45°天顶角范围内半球图像中的圆环总长度为 133 m。因此，理论上天空片段长度为 0.5 m，因此，整个圆环应被分为 266 个小天空片段，然后根据式 4-15 计算平均 CI。然而，在这些小天空片段内必然存在许多因树干或叶片遮挡而变成阴影，即没有林隙。这些阴影导致最终的 LAI 接近无穷大，即 CI 为 0。为此，van Gardingen 等（1999）提出了在这些阴影中人为地加入一些林隙片段的方法；同样，Leblanc 等（2005）也提出一种在阴影中人为加入半个像素林隙的方法，DHP 软件利用该方法计算 CI。DHP 软件根据 LX 方法计算 CI 时，根据迭代原理自动确定叶组分的平均宽度，然后得出天空片度的长度。林冠中许多小林隙导致平均叶组分的宽度通常偏大，但林冠中仍有许多阴影需要人为地插入一些林隙。虽然这种方法试图遵循 Lang 和 Xiang 的理论（Lang，1986；Lang and Xiang，1986），但这种人为添加林隙的方法过于武断。因此，本研究利用 LX 方法计算的 CI 只用于比较不同方法计算的 CI。

　　3）CLX 法，根据式 4-16 计算（Leblanc et al.，2005）：

$$\mathrm{CI_{CLX}} = \frac{n\ln[\overline{P(\theta)}]}{\sum\limits_{k=1}^{n}\ln[P_k(\theta,\varphi)]/\mathrm{CI}_{CCk}(\theta,\varphi)} \qquad (4\text{-}16)$$

式中，$\mathrm{CI}_{CCk}(\theta,\varphi)$ 为利用 CC 法计算 k 片段的集聚指数；$P_k(\theta,\varphi)$ 为片段 k 的林隙分数；$\mathrm{CI_{CLX}}$ 根据一定天顶角和方位角范围内 n 个片段整合计算。

　　天顶角越小，小片段越多，其导致 LX 和 CLX 方法易出现计算误差。相对而言，天顶角越大，由于光散射和粗糙的图像分辨率易产生较大比例的混合像素。故 30°~60°天顶角的 LAI 更接近真实值，因为该天顶角范围处于图像的中心处（Leblanc and Chen，2001）。3 种集聚指数的季节性变化均由 DHP-TRAC 软件计算得到。此外，利用 CC、LX、CLX 校正 DHP L_e 的集聚效应时，分别标记为 $\mathrm{LAI_{DHP\text{-}CC}}$、$\mathrm{LAI_{DHP\text{-}LX}}$、$\mathrm{LAI_{DHP\text{-}CLX}}$。总体而言，校正方案 B 考虑了集聚效应的季节性变异及木质部对 LAI 的贡献率，但忽略了木质部对 LAI 贡献率的季节性变异。

　　校正方案 C：木质部和集聚效应的校正方法与校正方案 B 相同。此外，DHP 采集数据时设置为自动曝光，其导致 LAI 的低估，因此，根据 Zhang 等（2005）报道的自动曝光状态下 DHP 测定的 LAI 与 LAI-2000 的测定值间的相关关系，对自动曝光产生的误差进行校正，但忽略了自动曝光对 LAI 贡献率的季节性变异。

　　校正方案 D：总体来看，该方案考虑了木质部、集聚效应及自动曝光对 LAI 贡献率的季节性变异。木质部主要由树干和树枝组成，即 WAI 是树干指数（stem area index，SAI）和树枝指数（branch area index，BAI）的总和（Kucharik et al.，1998），本研究利用图像处理软件（Adobe Photoshop CS6，Adobe Systems Incorporated，North America）将 SAI 和 BAI 区分开。具体步骤如下：①利用 DHP

测定 5 月 1 日和 10 月 21 日的 WAI；②利用图像处理软件中的仿制像章工具将图像中的树枝用天空代替，即只剩下树干；③利用 DHP 软件重新处理图片即得到 SAI；最后利用 WAI 减去 SAI 即可得到 BAI。树枝对 LAI 的贡献率随叶子的生长逐渐减小，在 LAI 最大时（稳定期）其贡献率达最小值。相对而言，树干对 LAI 的贡献率随季节变化几乎不变。因此，该校正方案中，在稳定期忽略 BAI 对 LAI 的贡献率，在展叶初期、渐变期和凋落末期考虑 BAI 对 LAI 的贡献率；而在所有时期均考虑 SAI 对 LAI 的贡献率；即在展叶初期、渐变期和凋落末期，式 4-14 中的 WAI 代表 SAI 和 BAI 对 LAI 的总贡献，而在稳定期，WAI 仅代表 SAI 对 LAI 的贡献。

集聚效应的校正方法与方案 B 或 C 中的相同。在展叶初期和凋落末期不考虑自动曝光对 LAI 的影响，因为这两个时期自动曝光产生的误差小于 3%，表明在 DHP 测定 LAI 时，木质部对曝光设置的敏感性较差；但在渐变期和稳定期，林冠中木质部占的比例较小，自动曝光对 LAI 的影响需考虑，其校正方案与方案 C 相同。

4.2　结果与分析

4.2.1　针阔混交林内主要树种比叶面积的季节变化

总体而言，阔叶树种的 SLA 均大于针叶树种（表 4-1）。阔叶树种中，毛榛子的 SLA 最大，均值为 374.9 cm^2/g，花楷槭、水曲柳和色木槭次之，均值分别为 350.7 cm^2/g、338.4 cm^2/g 和 305.0 cm^2/g，白桦和春榆最小，均值分别为 183.4 cm^2/g 和 179.4 cm^2/g。针叶树种中，落叶针叶树种（兴安落叶松）的 SLA 大于常绿针叶树种，如红松、冷杉和云杉，其值分别为 134.2 cm^2/g、83.8 cm^2/g、80.8 cm^2/g 及 59.4 cm^2/g。大部分树种的 SLA 存在显著的季节性差异，且树种不同，其 SLA 的季节变化模式也存在差异。青楷槭和毛榛子的 SLA 随季节变化呈下降趋势，其变异系数分别为 12.4% 和 17.9%。相对而言，色木槭的 SLA 随季节变化（除 11 月）呈增大趋势，其变异系数为 16.4%。白桦的 SLA 季节变化波动最大，其变异系数为 18.4%，毛榛子次之，变异系数为 17.9%；相对而言，冷杉、蒙古栎、花楷槭和裂叶榆的 SLA 不存在显著的季节性变异，其变异系数分别为 6.7%、6%、2.4% 和 2.2%。

4.2.2　针阔混交林内主要树种的叶物候

每个树种的叶物候均表现出明显的季节性变化，且树种不同，其叶物候特性也存在明显差异（图 4-1，图 4-2）。大部分阔叶树种在 5 月初开始展叶，只有水曲柳推迟至 5 月中旬开始展叶（图 4-1）。大部分阔叶树种出现一个展叶高峰期（除白桦和水曲柳），且在 5 月初进入展叶高峰期，持续快速生长约两周，截至 5 月中旬，展叶量（已展出的叶子数量占全年叶子总数量的比例）均超过 73%；

表 4-1 小兴安岭地区主要树种比叶面积（cm²/g）的季节变化

Table 4-1 The seasonal changes of specific leaf area (cm²/g) of major tree species in the Xiaoxing'an Mountains, China

主要树种 Major tree species	8-1		9-1		9-15		10-1		10-15		11-1		均值±标准差	变异系数 CV/%
	均值±标准差 Mean±SD	样本 Sample	均值±标准差 Mean±SD	样本 Sample	均值±标准差 Mean±SD	样本 Sample	均值±标准差 Mean±SD	样本 Sample	均值±标准差 Mean±SD	样本 Sample	均值±标准差 Mean±SD	样本 Sample	Mean±SD	
红松	99.9±11.5[a]	992	83.9±21.7[b]	752	81.2±3.8[b]	510	83.1±1.2[b]	1415	90.1±13.7[ab]	1777	80.7±11.6[b]	1278	83.8±3.7	4.5
冷杉	75.5±14.5[a]	2144	86.7±9.5[a]	1442	83.9±4.9[a]	820	74.9±6.8[a]	2331	83.5±10.4[a]	2085	75.1±3.1[a]	2085	80.8±5.4	6.7
云杉	67.1±9.1[a]	544	71.1±1.5[a]	751	51.3±3.6[b]	630	63.0±17.8[ab]	1250	64.1±18.2[ab]	1210	47.6±15.3[b]	1030	59.4±9.7	16.3
白桦	151.1±9.1[b]	90	222.4±15.2[a]	90	159.7±16.9[b]	85	200.2±2.7[a]	45	—	—	—	—	183.4±33.7	18.4
紫椴	—	—	251.3±9.8[ab]	36	236.5±13.4[bc]	65	227.5±3.5[c]	112	259.1±9.3[a]	90	—	—	243.6±14.3	5.9
色木槭	—	—	226.4±16.6[c]	28	294.1±16.1[b]	35	320.9±28.9[ab]	79	361.4±31.9[a]	69	322.3±27.0[ab]	57	305.0±50.1	16.4
枫桦	—	—	198.8±4.3[b]	96	186.3±3.6[c]	42	197.7±6.9[b]	53	218.3±4.7[a]	25	197.8[b]	11	199.8±11.6	5.8
裂叶榆	—	—	265.1±9.1[a]	32	267.4±16.6[a]	16	256.6±9.1[a]	18	256.6±4.5[a]	42	—	—	261.4±5.7	2.2
水曲柳	—	—	349.9±6.6[a]	11	336.1±17.4[a]	15	347.4±10.8[a]	24	320.0[b]	17	—	—	338.4±13.6	4

续表

主要树种 Major tree species	8-1 均值±标准差 Mean±SD	8-1 样本 Sample	9-1 均值±标准差 Mean±SD	9-1 样本 Sample	9-15 均值±标准差 Mean±SD	9-15 样本 Sample	10-1 均值±标准差 Mean±SD	10-1 样本 Sample	10-15 均值±标准差 Mean±SD	10-15 样本 Sample	11-1 均值±标准差 Mean±SD	11-1 样本 Sample	均值±标准差 Mean±SD	变异系数 CV %
大青杨	—	—	185.3^a	—	218.1±18.3^a	12	170.7±82.9^b	24	220.9^a	13	—	—	198.7±24.7	12.4
青楷槭	—	—	291.9±22.2^a	—	270.2±44.0^a	10	227.7±9.9^b	46	—	—	—	—	263.3±32.7	12.4
花楷槭	—	—	345.5±13.3^a	—	360.6±26.8^a	11	346.0±44.3^b	21	—	—	—	—	350.7±8.6	2.4
毛榛子	—	—	420.5^a	—	422.9^a	10	376.5±49.8^b	21	279.7^c	22	—	—	374.9±66.9	17.9
春榆	—	—	164.2^c	—	200.1^a	17	189.0±5.9^b	18	157.0±5.4^c	99	186.4^b	11	179.4±18.1	10.1
蒙古栎	—	—	—	—	—	—	—	—	230.7±29.4^a	19	211.9±22.6^a	22	221.3±13.3	6
兴安落叶松	—	—	125.7±12.6^{ab}	—	119.2±21.9^b	955	157.9±8.1^b	864	—	—	—	—	134.2±20.7	15.4

注：对于大部分树种，利用单因素方差分析中的 LSD 检验同一树种不同时期比叶面积的差异性（α=0.05），其中蒙古栎不同时期比叶面积利用配对 t 检验的方式检验。同一树种内的不同小写字母表示不同季节的比叶面积存在显著差异（P<0.05）。"—"表示该时期未进行比叶面积的测定

Note: Statistically significant differences among SLA during different periods were detected by one-way ANOVA test (i.e., the least significant difference, LSD) on the level α=0.05 for most major species, except for Quercus mongolica, which was evaluated by t test. Different lowercase letters within the same species meant significant differences among SLA of different periods at P<0.05 level. "—" means SLA values were not measured in the period

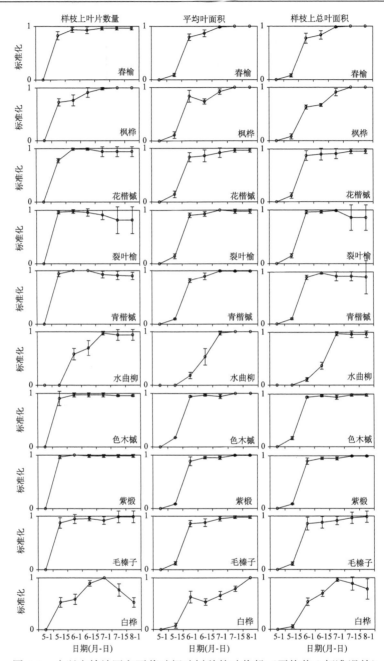

图 4-1　小兴安岭地区主要落叶阔叶树种的叶物候（平均值±标准误差）

Fig. 4-1　Observed seasonality of leaf phenology for major deciduous broadleaf species in the Xiaoxing'an Mountains，China（mean±SE）

误差线为标准误差，利用一年中的最大值将每个时期的值标准化为 0~1.0

Error bars represent the standard error. Each time series for the data was normalized using the annual maximum value to create the range from 0 to 1.0

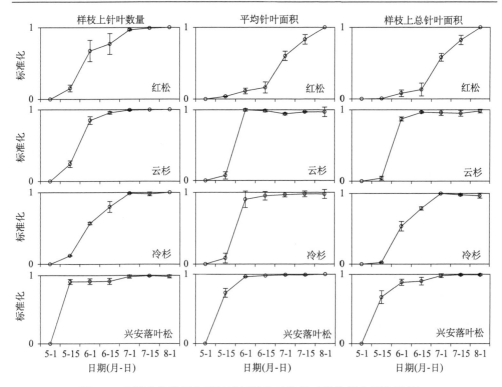

图 4-2 小兴安岭地区主要针叶树种的叶物候（平均值±标准误差）

Fig. 4-2 Observed seasonality of leaf phenology for major needle leaf species in the Xiaoxing'an Mountains, China（mean±SE）

误差线为标准误差，利用一年中的最大值将每个时期的值标准化为 0~1.0

Error bars represent the standard error. Each time series for the data was normalized using the annual maximum value to create the range from 0 to 1.0

且截至 6 月初，展叶量均超过 95%（除枫桦的展叶量为 76%）。白桦和水曲柳出现两个展叶高峰期，第一个分别出现在 5 月初和 5 月中旬、第二个分别出现在 6 月初和 6 月中旬，截至 7 月初，两者的展叶量均超过 98%。白桦和枫桦的平均叶面积在 6 月中旬出现先减小后增大的趋势，主要是因为在第一个展叶高峰期过后，又展出部分新叶而降低了整个样枝上的平均叶面积，但随着叶子的生长，其平均叶面积随之增大。除裂叶榆和白桦外，其他阔叶树种在 8 月前均出现少量的凋落叶，叶凋落量（已凋落的叶子占全年叶子总数量的比例）均小于 8%，可能主要源于虫害、大风等极端天气状况。白桦和裂叶榆在 7 月初即出现叶子持续凋落的现象，截至 8 月初，叶凋落量已分别达到 47%和 19%。而同时期，白桦的平均叶面积呈上升趋势而并非随叶凋落增多而下降，主要源于在第二个展叶高峰期展出的新叶随之生长，其叶面积大于第一个高峰期展出的叶片。除水曲柳外，其他阔叶树种的平均叶面积存在一个生长高峰期，出现在 5 月中旬以后，持续快速生长约两周，且在 7 月中旬达到峰值。虽然白桦的平均叶面积也存在一个生长高峰期，但其后仍持续生长，至 8 月初达到峰值，该特性与其叶生长的同时出现叶凋落的现象密切相关。相对而言，水曲柳展叶周期较短，但其平均叶面积持续快速增长约一个月，至 7 月初其平均叶面积已达到峰值的 98%。大部分阔叶树种样枝上的总叶面积在 7 月中旬达到峰值，而白桦和裂叶榆约提前两周。

每个针叶树种均出现一个展叶高峰期，但落叶针叶树种（兴安落叶松）比常绿树种提前进入展叶高峰期约两周（图 4-2）。兴安落叶松 5 月初进入展叶高峰期，持续约两周，截至 5 月中旬，其展叶量已达到 91%；相对而言，常绿树种的针叶在展叶高峰结束后仍保持较高的增长速度，直至 7 月初其展叶量均超过 97%。除红松外，其他针叶树种的平均叶面积在 6 月初已超过最大平均叶面积的 90%，而红松的平均叶面积从 5 月中旬开始持续增长，直至 8 月初达到峰值。云杉的平均叶面积在 7 月初出现下降趋势，可能主要源于虫害。所有针叶树种样枝上的总叶面积均在 8 月初达到峰值。

4.2.3　针阔混交林内主要树种叶面积指数的季节变化

本研究利用直接法不仅能测定林分水平上 LAI 的季节动态，还能测定主要树种 LAI 的动态变化。总体来看，不同森林类型中，各主要树种的 LAI 随季节变化呈先增加后减小的趋势（图 4-3）。阔叶红松林中，大部分阔叶树种的 LAI 在 8 月初达到峰值，色木槭、紫椴和水曲柳的最大 LAI 依次为 0.76、0.55 和 0.43。然而，紫椴的平均胸径及 BA 均大于色木槭，表明 LAI 还受其他因素的影响，如树种密度、SLA 等。相对而言，大部分阔叶树种均在 9 月达到落叶高峰期，截至 10 月初，水曲柳和紫椴的叶凋落量分别占总叶量的 93% 和 82%。色木槭叶凋落持续时间较长，截至 10 月初叶凋落比例为 56%，阔叶树种在 11 月初叶凋落现象基本结束。针叶树种中，红松的最大 LAI 为 5.12，远大于其他针叶树种和阔叶树种，这与红松是该区域的建群种密切相关（相对优势度为 57%）。相对于阔叶树种，针叶树种的叶凋落现象较平缓，这与针叶树种自身特性有关。谷地云冷杉林中，冷杉、云杉和白桦的 LAI 均在 7 月初达到峰值，值分别为 1.87、1.75 和 0.47，而兴安落叶松的 LAI 在 8 月初达到峰值，值为 0.46。白桦在 7 月初即出现叶凋落现象，8 月初叶已经凋落 35%，截至 9 月中旬，其叶凋落量占总叶量的 83%；相对而言，冷杉和云杉 LAI 的季节波动明显小于白桦和兴安落叶松，截至 8 月初，两树种的叶凋落量小于总叶量的 2%，可能主要源于虫害。白桦次生林中，白桦的 LAI 具有明显优势，最大值为 2.41，占所有树种总 LAI 的 65%，这与白桦是该森林类型的优势树种密切相关。相对而言，兴安落叶松的针叶存活周期较长，截至 10 月初叶凋落量占总叶量的 11%，然后进入落叶高峰期，持续约两周，截至 10

月中旬，叶凋落量达到 87%。红松人工林中，红松的 LAI 占绝对优势，在 8 月初达到峰值，值为 5.0；云杉次之，其最大 LAI 为 0.71。相对而言，水曲柳的凋落周期小于其他落叶树种（如兴安落叶松和白桦），8 月开始出现叶凋落现象，截至 9 月初叶凋落量达 18%，然后进入落叶高峰期，持续约两周，截至 10 月初，叶凋落量达到 98%。

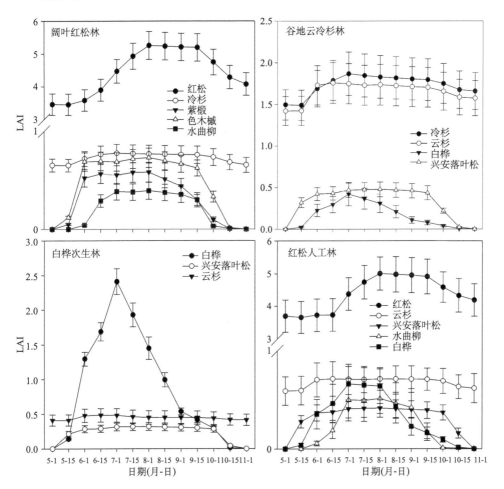

图 4-3　不同森林类型内主要树种 LAI 的季节变化（平均值±标准误差）

Fig. 4-3　The seasonal changes of LAI（mean±SE）for major tree species in different forest stands

4.2.4　针阔混交林内常绿针叶树种针簇比的季节变化

总体来看，红松的 γ_E 大于云杉和冷杉，其均值分别为 1.63、1.34 和 1.13（表 4-2）。3 种常绿针叶树种 γ_E 的季节波动均较小，最大变异系数为 7.3%（红松）。

红松、冷杉和云杉 γ_E 的季节波动范围分别为 1.46~1.78（平均值为 1.63）、1.07~1.21（平均值为 1.13）及 1.26~1.47（平均值为 1.34）。

表 4-2　常绿针叶树种针簇比的季节动态（平均值±标准差）

Table 4-2　Seasonal dynamics of needle-to-shoot area ratio（mean±SD）for evergreen needle tree species

月份 Month	红松 *Pinus koraiensis*	冷杉 *Abies nephrolepis*	云杉 *Picea* spp.
5 月 May	1.46±0.22	1.19±0.22	1.44±0.34
6 月 Jun.	1.49±0.24	1.21±0.30	1.47±0.43
7 月 Jul.	1.69±0.38	1.11±0.30	1.29±0.33
8 月 Aug.	1.78±0.45	1.16±0.34	1.31±0.33
9 月 Sep.	1.72±0.28	1.10±0.23	1.28±0.35
10 月 Oct.	1.65±0.36	1.07±0.21	1.26±0.29
11 月 Nov.	1.65±0.26	1.10±0.23	1.30±0.36
均值 Mean	1.63	1.13	1.34
变异系数 CV/%	7.3	4.6	6.3

4.2.5　针阔混交林内间接法校正参数的季节性变异

不同森林类型，木质部对 LAI 的贡献率均呈现显著的季节变化：随生长季节叶子的展出而逐渐减小，随落叶季节叶子的凋落又逐渐增大的动态变化（表 4-3）；其中谷地云冷杉林的木质比例（α）的季节性变异系数最小，为 24%。阔叶红松林、谷地云冷杉林和红松人工林内的平均 α 相差不大，分别为 6%、10% 和 8%，但白桦次生林内的 α 明显大于前 3 个森林类型，均值为 23%，主要源于该森林类型内落叶树种所占比例远大于常绿树种（表 2-3），致使展叶初期和凋落末期木质部对 LAI 的贡献率远大于其他森林类型。

不同森林类型，冠层水平上的集聚效应均表现出较小的季节波动，白桦次生林的变异系数最大，值为 2.43%（表 4-3）。相对而言，谷地云冷杉林的冠层水平上的集聚效应强于阔叶红松林、白桦次生林和红松人工林，平均 Ω_E 分别为 0.87、0.92、0.93 和 0.95。

不同森林类型，簇内水平上的集聚效应也不存在明显的季节性波动，白桦次生林、阔叶红松林、红松人工林和谷地云冷杉林 γ_E 的季节性变异系数依次为 6.52%、6.38%、5.51% 和 3.50%。红松人工林和阔叶红松林的平均 γ_E 相差不大，值分别为 1.49 和 1.43，主要源于红松是这两个森林类型中的主要树种，其 γ_E 远大于其他常绿针叶树种（表 4-3），致使其在计算林分水平上的 γ_E 时的贡献率最大。白桦次生林的平均 γ_E 最小，值为 1.14，主要源于该森林类型内阔叶树种所占比例为 92%（阔叶树种的 $\gamma_E=1.0$）。

表 4-3　不同针阔混交林中木质比例（α）、集聚指数（Ω_E）和针簇比（γ_E）3 种间接法校正参数的季节动态

Table 4-3　The observed seasonality of the woody-to -total area ratio（α），clumping index（Ω_E）and needle-to-shoot area ratio（γ_E）for correcting the indirect methods in the four mixed evergreen-broadleaf forest stands

日期	阔叶红松林 Mixed broadleaved-Korean pine forest			谷地云冷杉林 Spruce-fir valley forest			白桦次生林 Secondary birch forest			红松人工林 Korean pine plantation		
Month-day	α/%	Ω_E	γ_E	α/%	Ω_E	γ_E	α/%	Ω_E	γ_E	α/%	Ω_E	γ_E
5-1	11	0.92	1.41	13	0.86	1.21	58	0.91	1.27	14	0.96	1.44
5-15	9	0.93	1.38	11	0.92	1.21	41	0.93	1.18	13	0.93	1.40
6-1	4	0.94	1.28	8	0.88	1.28	6	0.95	1.11	6	0.97	1.38
6-15	5	0.93	1.28	11	0.87	1.28	5	0.94	1.09	7	0.97	1.36
7-1	3	0.92	1.39	10	0.85	1.21	4	0.94	1.07	4	0.95	1.45
7-15	4	0.94	1.40	9	0.86	1.21	5	0.93	1.08	5	0.93	1.46
8-1	3	0.94	1.47	7	0.85	1.27	4	0.94	1.11	3	0.95	1.53
8-15	4	0.93	1.48	6	0.88	1.27	8	0.93	1.13	8	0.96	1.56
9-1	3	0.92	1.45	9	0.87	1.26	4	0.95	1.20	7	0.95	1.55
9-15	6	0.92	1.48	8	0.88	1.19	12	0.91	1.10	10	0.96	1.56
10-1	9	0.92	1.50	10	0.87	1.15	29	0.93	1.08	8	0.94	1.53
10-15	10	0.91	1.57	12	0.87	1.17	54	0.91	1.16	10	0.94	1.57
11-1	10	0.90	1.57	14	0.86	1.21	59	0.86	1.30	12	0.92	1.61
均值 Mean	6	0.92	1.43	10	0.87	1.23	23	0.93	1.14	8	0.95	1.49
标准差 SD	3	0.01	0.09	2	0.02	0.04	22	0.02	0.07	3	0.02	0.08
变异系数 CV/%	50	1.28	6.38	24	2.06	3.50	99	2.43	6.52	42	1.63	5.51

4.2.6　针阔混交林内直接法和间接法测定的叶面积指数

对于阔叶红松林，直接法和间接法（DHP 和 LAI-2000）测定的 LAI 均具有明显的季节变化（图 4-4），不同方法 LAI 的季节性变异系数在 23%~28%，且均

在 8 月达到峰值。5~11 月，直接法测定的 LAI（LAI_{dir}）范围为 4.04±2.82（均值±标准差）至 9.05±2.96。5 月中旬至 6 月初，LAI_{dir} 由 4.39 显著增加到 6.91，表明大部分树种在该时期处于展叶高峰期。从 8 月初至 9 月中旬，LAI_{dir} 略有降低，之后进入落叶高峰期，持续约两周。相对于 LAI_{dir}，间接法测定的 LAI 在整个调查期均出现低估 LAI 的现象。DHP 测定的有效 LAI（DHP L_e）显著低估 LAI_{dir}（$P<0.05$），低估范围为 56%~65%，平均低估 61%（图 4-4，表 4-4）；LAI-2000 测定的有效 LAI（LAI-2000 L_e）也显著低估 LAI_{dir}（$P<0.05$），低估范围为 22%~40%，平均低估 35%（图 4-4，表 4-4），且两种间接法的低估程度随叶子的增加而增大，随叶子的凋落而减小。DHP L_e 经过 α、Ω_E、γ_E 和 E 4 个参数的校正后（$LAI_{DHP\text{-}corrected}$），其精度提高 50%，但在整个调查期，$LAI_{DHP\text{-}corrected}$ 仍比 LAI_{dir} 平均低估 11%，尤其在展叶初期，如在 6 月低估程度为 24%。LAI-2000 L_e 经过 α、Ω_E、γ_E 3 个参数的校正后（$LAI_{2000\text{-}corrected}$），其精度得到显著提高，整个调查时期，$LAI_{2000\text{-}corrected}$ 与 LAI_{dir} 的平均差异为 6%。然而，在 6 月，$LAI_{2000\text{-}corrected}$ 仍比 LAI_{dir} 显著低估 20%（$P<0.05$），可能主要源于常绿针叶树种展叶速度慢于落叶阔叶树种，在计算林分水平上针簇比时增加了阔叶树种的权重。

对于谷地云冷杉林，直接法和间接法测定的 LAI 的季节波动较平缓，不同方法的季节性变异系数在 12%~16%，7 月初达到峰值，8 月初处于稳定状态（图 4-4）。整个调查期间内，LAI_{dir} 的范围为 2.91~4.65。从 5~11 月，DHP L_e 均显著低估 LAI_{dir}（$P<0.05$）（表 4-4），低估范围为 41%~53%，平均低估 48%；LAI-2000 L_e 同样显著低估 LAI_{dir}，低估范围为 19%~33%，平均低估 28%。然而，经过校正后，DHP 测定 LAI 的精度明显提高，5~11 月，$LAI_{DHP\text{-}corrected}$ 与 LAI_{dir} 的平均差异为 5%；同样，LAI-2000 测定 LAI 的精度也明显提高，$LAI_{2000\text{-}corrected}$ 比 LAI_{dir} 平均低估 9%，但在 5 月初和 11 月低估程度分别为 18%和 19%。

对于白桦次生林，直接法和间接法测定的 LAI 的季节性变异程度明显高于其他森林类型，不同方法的季节性变异系数为 33%~62%（图 4-4），主要源于该森林类型内落叶阔叶树种所占比例大于其他森林类型。该森林类型内，LAI 也在 7 月初达到峰值，LAI_{dir} 的变化范围为 0.41~3.70。5 月中旬至 6 月初，LAI 快速增大，由 0.83 增长为 2.50，7 月开始出现叶凋落现象，截至 8 月初，LAI 减少了 25%。在展叶初期和凋落末期（如 5 月 1 日、5 月 15 日、10 月 15 日及 11 月 1 日），DHP L_e 和 LAI-2000 L_e 均显著高估 LAI_{dir}（$P<0.05$）（图 4-4，表 4-4），主要源于这些时期木质部对 LAI 的贡献率明显高于其他时期。5~11 月，DHP L_e 比 LAI_{dir} 平均高估 7%，LAI-2000 L_e 比 LAI_{dir} 平均高估 22%。经过校正后，在大部分调查时期 $LAI_{DHP\text{-}corrected}$ 仍出现高估 LAI_{dir} 的现象，但 $LAI_{DHP\text{-}corrected}$ 与 LAI_{dir} 的平均差异小于 5%。除 6 月中旬和 7 月初，$LAI_{2000\text{-}corrected}$ 比 LAI_{dir} 分别低估 1%和 2%外，

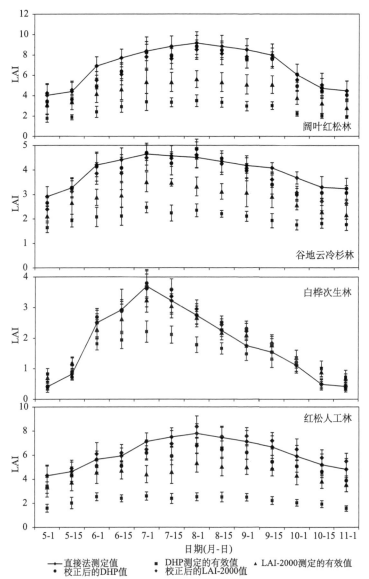

图 4-4 比较不同森林类型内直接法和间接法测定的 LAI 的季节动态（彩图请扫封底二维码）

Fig. 4-4 Seasonal variations of LAI derived from direct and indirect methods in the mixed broadleaved-Korean pine forests，spruce-fir valley forest，secondary birch forest and Korean pine plantation（Scanning QR code on back cover to see color graph）

校正后的 DHP 值为 DHP 测定的有效 LAI 经过木质比例、集聚指数、针簇比和自动曝光校正后的值（$LAI_{DHP-corrected}$），校正后的 LAI-2000 值为 LAI-2000 测定的有效 LAI 经过木质比例、集聚指数和针簇比校正后的值（$LAI_{2000-corrected}$），误差线为标准误差

Therein，corrected LAI from DHP（$LAI_{DHP-corrected}$）is the effective LAI from DHP was corrected for the woody-to-total area ratio，clumping index，needle-to-shoot area ratio and automatic exposure，and corrected LAI from LAI-2000（$LAI_{2000-corrected}$）is the effective LAI from LAI-2000 was corrected for the woody-to-total area ratio，clumping index and needle-to-shoot area ratio. Error bars represent the standard error

表 4-4　不同森林类型每个调查时期直接法和间接法测定的 LAI 间的差异性统计分析

Table 4-4　Statistically significant differences among LAIs derived from direct and indirect methods during each study period in the four different forest stands

日期 Month- day	阔叶红松林 Mixed broadleaved-Korean pine forest					谷地云冷杉林 Spruce-fir valley forest					白桦次生林 Secondary birch forest					红松人工林 Korean pine plantation				
	I	II	III	IV	V	I	II	III	IV	V	I	II	III	IV	V	I	II	III	IV	V
5-1	ab	c	b	ab	a	a	c	bc	a	ab	b	a	a	b	b	a	c	b	b	a
5-15	ab	d	c	bc	a	a	b	a	a	a	b	a	a	b	b	a	c	b	ab	a
6-1	a	d	c	bc	b	a	c	b	a	a	ab	c	b	a	ab	a	c	b	ab	a
6-15	a	d	c	b	b	a	c	b	a	a	a	b	a	a	a	a	c	b	b	a
7-1	a	c	b	a	a	a	c	b	a	a	a	c	b	a	ab	a	c	b	b	ab
7-15	a	d	c	ab	b	a	c	b	a	a	ab	c	b	a	ab	a	c	b	b	a
8-1	a	c	b	a	a	a	c	b	a	a	ab	c	b	ab	a	a	d	c	b	a
8-15	a	c	b	a	a	a	c	b	a	a	bc	d	c	a	ab	a	d	c	b	a
9-1	a	c	b	a	a	a	c	b	a	a	b	c	a	a	a	a	c	b	b	a
9-15	a	c	b	a	a	a	c	b	ab	ab	bc	c	ab	a	a	a	c	b	b	a
10-1	a	d	c	b	ab	a	c	b	b	ab	b	a	ab	b	a	a	c	b	b	a
10-15	a	c	b	a	a	a	c	bc	a	ab	b	a	a	b	b	a	c	b	b	a
11-1	a	c	b	a	a	a	c	bc	a	ab	b	a	a	b	b	a	c	b	b	a

注：利用单因素方差分析中的 LSD 法对同一时期不同方法测定的 LAI 在 $\alpha = 0.05$ 进行差异性检验，同一时期内的不同小写字母表示同一时期不同方法测定的 LAI 在 $\alpha=0.05$ 水平上存在显著差异；I. 直接法测定的 LAI；II. DHP 测定的有效 LAI；III. LAI-2000 测定的有效 LAI；IV. 校正后的 DHP 值（$LAI_{DHP-corrected}$），对 DHP 测定的有效 LAI 进行木质比例、集聚指数、针簇比和自动曝光的校正；V. 校正后的 LAI-2000 值（$LAI_{2000-corrected}$），对 LAI-2000 测定的有效 LAI 进行木质比例、集聚指数和针簇比的校正

Note: Statistically significant differences among LAIs from different methods in same period were detected by one-way ANOVA test（e.g., the least significant difference, LSD）on the level $\alpha = 0.05$. Different lowercase letters within same time period and forest stand meant significant differences among LAI of different methods at 0.05 level. I. The LAI derived from direct method; II. The effective LAI derived from DHP; III. The effective LAI derived from LAI-2000; IV. The corrected LAI from DHP（$LAI_{DHP-corrected}$）considering the woody-to-total area ratio（α）, clumping index（Ω_E）, needle-to-shoot area ratio（γ_E）and the automatic exposure; V. The corrected LAI from LAI-2000（$LAI_{2000-corrected}$）considering the woody-to-total area ratio（α）, clumping index（Ω_E）and needle-to-shoot area ratio（γ_E）

其他时期 $LAI_{2000-corrected}$ 均出现高估 LAI_{dir} 的现象，但 5~11 月，$LAI_{2000-corrected}$ 与 LAI_{dir} 的平均差异小于 6%。

对于红松人工林，直接法和间接法测定的 LAI 随季节变化均呈单峰型，且在

8 月初达到峰值,LAI_{dir} 的变化范围为 4.29~7.78(图 4-4)。5~11 月,DHP L_e 显著低估 LAI_{dir}($P<0.05$),低估范围为 55%~68%,平均低估 64%(图 4-4,表 4-4),同样,LAI-2000 L_e 比 LAI_{dir} 平均低估 27%,低估范围为 19%~39%。经过校正后,间接法测定 LAI 的精度均显著提高,5~11 月,$LAI_{DHP-corrected}$ 与 LAI_{dir} 的平均差异为 15%,$LAI_{2000-corrected}$ 与 LAI_{dir} 的平均差异小于 5%。总体来看,表 4-5 表明,DHP 和 LAI-2000 测定针阔混交林 LAI 的季节变化经过校正参数的校正后其精度分别高于 85%和 91%。

表 4-5 5~11 月不同森林类型内间接法(DHP 和 LAI-2000)测定的有效 LAI 的校正系数

Table 4-5 The correction factor to effective LAI(by DHP and LAI-2000)for obtaining the more accurate LAI from May to November in different mixed evergreen-deciduous forest stands

日期 Month-day	阔叶红松林 Mixed broadleaved-Korean pine forest		谷地云冷杉林 Spruce-fir valley forest		白桦次生林 Secondary birch forest		红松人工林 Korean pine plantation	
	DHP L_e	LAI-2000 L_e	DHP L_e	LAI-2000 L_e	DHP L_e	LAI-2000 L_e	DHP L_e	LAI-2000 L_e
5-1	1.9(15)	1.4(−5)	1.6(9)	1.1(18)	0.5(2)	0.6(−1)	1.8(23)	1.3(0)
5-15	1.9(18)	1.3(−4)	1.7(1)	1.2(5)	0.5(12)	0.8(−8)	1.9(7)	1.3(−5)
6-1	2.0(30)	1.3(20)	2.0(2)	1.3(8)	1.5(−7)	1.1(0)	2.1(10)	1.3(−8)
6-15	2.2(17)	1.3(21)	1.9(7)	1.3(13)	1.5(2)	1.1(1)	1.9(14)	1.3(−4)
7-1	2.4(2)	1.5(7)	1.9(−1)	1.3(3)	1.7(−3)	1.1(2)	2.2(13)	1.5(9)
7-15	2.4(10)	1.4(14)	1.9(7)	1.3(2)	1.7(−11)	1.1(−4)	2.2(21)	1.5(8)
8-1	2.5(4)	1.5(7)	2.1(−8)	1.4(−2)	1.5(0)	1.1(−8)	2.4(13)	1.6(−7)
8-15	2.5(4)	1.5(8)	2.0(−3)	1.4(−2)	1.5(−12)	1.1(−8)	2.3(13)	1.5(−1)
9-1	2.6(11)	1.5(8)	1.9(5)	1.3(3)	1.6(31)	1.1(−27)	2.3(13)	1.5(−6)
9-15	2.5(5)	1.5(4)	1.8(17)	1.2(12)	1.4(−16)	1.0(−19)	2.2(18)	1.5(−8)
10-1	2.2(19)	1.5(9)	1.7(19)	1.2(17)	1.1(−9)	0.8(−2)	2.2(14)	1.5(−10)
10-15	2.2(6)	1.5(−7)	1.7(7)	1.2(18)	0.5(−1)	0.6(−1)	2.2(11)	1.5(−11)
11-1	2.3(9)	1.6(1)	1.7(5)	1.2(19)	0.5(10)	0.6(−3)	2.2(15)	1.5(−14)

注:括号中的数值为直接法测定的 LAI(LAI_{dir})间接法经过校正的 LAI 间的差异,DHP 和 LAI-2000 的校正值是其有效值乘以校正系数得到,分别记为 $LAI_{DHP-corrected}$ 和 $LAI_{2000-corrected}$。DHP 的校正系数基于木质比例、集聚指数、针簇比和自动曝光计算得到;LAI-2000 的校正系数基于木质比例、集聚指数和针簇比计算得到。差异(%)=(LAI_{dir}−$LAI_{DHP-corrected}$ 或 $LAI_{2000-corrected}$)/LAI_{dir}×100

Note: Values in parentheses are the difference between LAI from direct method(LAI_{dir})and effective LAI from DHP after multiplying by the correction factor($LAI_{DHP-corrected}$), which was obtained based on woody-to-total area ratio(α), clumping index(Ω_E), needle-to-shoot area ratio(γ_E) and automatic exposure; or and effective LAI from LAI-2000 after multiplying by the correction factor($LAI_{2000-corrected}$), which was obtained based on α, Ω_E and γ_E. Difference(%)=(LAI_{dir}−$LAI_{DHP-corrected}$ or $LAI_{2000-corrected}$)/LAI_{dir}×100

4.2.7　阔叶混交林内主要树种的叶物候

不同树种样枝上的叶片数量及平均叶面积均表现出明显的季节变化(图 4-5)。大部分树种在 5 月初开始展叶，而水曲柳在 5 月末开始展叶。春榆、白桦、色木槭和暴马丁香均在 5 月出现明显的展叶高峰期，持续约 10 天，截至 5 月 12 日，春榆、色木槭和暴马丁香的展叶量分别为 89%、96%和 99%；相对而言，白桦在结束第一个展叶高峰期后，在 6 月初又进入第二个展叶小高峰，持续约 10 天，截至 6 月 12 日，展叶量达到 95%。相对而言，水曲柳在 5 月底进入展叶高峰，持续约一周，截至 6 月 4 日，展叶量为 58%，然后持续展出新叶，截至 7 月初，叶片完全展出。除白桦外，其他树种的平均叶面积随季节变化呈持续增加的趋势，其中色木槭和暴马丁香最早在 6 月中旬后达到峰值。相对而言，白桦的平均叶面积在 6 月中旬呈现先减小而后再逐渐增大的趋势，主要源于 6 月初，白桦出现了第二个展叶小高峰，随叶片的生长，其平均叶面积又恢复增大的趋势。

4.2.8　阔叶混交林内主要树种叶面积的计算公式

不同树种的叶面积均与其叶长和叶宽的乘积显著相关（$P < 0.01$），最小 R^2 值为 0.93（表 4-6）。暴马丁香叶面积的调整系数（c）最大，为 0.69，而色木槭叶面积的调整系数最小，为 0.52，主要源于其手掌形的叶片形状特性。

表 4-6　阔叶混交林主要树种叶面积计算经验公式

Table 4-6　Constrained regression models for major tree species in mixed broadleaf forests

主要树种 Major tree species	c	R^2	P
白桦 *Betula platyphylla*	0.67	0.97	<0.01
春榆 *Ulmus japonica*	0.62	0.98	<0.01
水曲柳 *Fraxinus mandshurica*	0.66	0.99	<0.01
色木槭 *Acer mono*	0.52	0.93	<0.01
暴马丁香 *Syringa reticulate* var. *mandshurica*	0.69	0.98	<0.01

注：公式类型为 $LA_{sin}=cLD$，LA_{sin} 为单个叶片的叶面积，c 为调整系数，L 为叶长，D 为叶宽，$n=90$

Note: Regression model is $LA_{sin} = cLD$，LA_{sin} is leaf area of a single leaf，c is the adjustment coefficient，L is the length of a single leaf，and D is the width of a single leaf，$n=90$

4.2.9　阔叶混交林内主要树种叶面积指数的季节变化

不同树种的 LAI 均随季节变化呈现先增加后减小的趋势，其中色木槭在 6 月中旬达到峰值，而其他树种均在 7 月中旬达到峰值（图 4-6）。白桦 LAI 的峰值

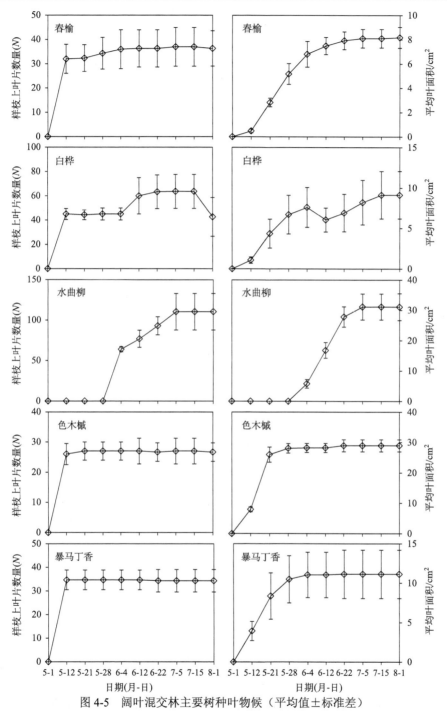

图 4-5 阔叶混交林主要树种叶物候（平均值±标准差）

Fig. 4-5 Seasonality of leaf characteristics（mean±SD）for the major tree species in the four mixed broadleaf forests

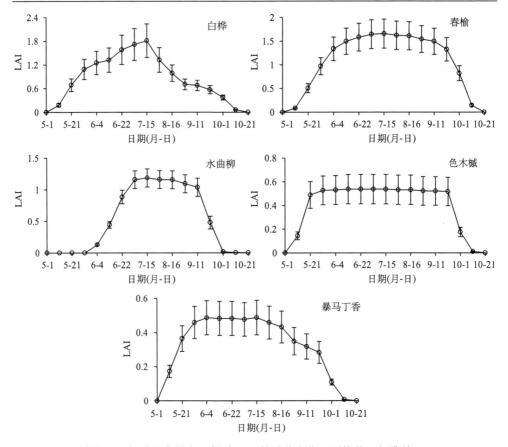

图 4-6　阔叶混交林主要树种 LAI 的季节变化（平均值±标准差）

Fig. 4-6　The seasonal changes of LAI（mean±SD）for major tree species in the four mixed broadleaf forest plots

最大，为 1.81；春榆次之，LAI 为 1.66。相对而言，水曲柳叶片的存活周期小于其他树种，在 10 月初其 LAI 几乎为 0。

4.2.10　阔叶混交林内直接法和间接法测定的叶面积指数

4.2.10.1　不同方法测定集聚指数的季节变化

CC、LX 和 CLX 三种不同方法计算的集聚指数（CI）均不具有明显的季节性波动，其变异系数分别为 4%、2% 和 4%（图 4-7）。总体来看，CC 法计算的 CI，其平均值大于 LX 和 CLX，值分别为 0.93、0.89 和 0.76。CC 法计算 CI 是根据林冠内林隙大小的分布反演得到的，基于一定的物理理论。然而，由于图像分辨率的局限性经常导致获取半球图像时一些小的林隙的缺失，从而导致集聚现象的低估（即 CI 的数值较大）。LX 和 CLX 方法通过平均片段长度的方法能避免小林隙的缺失，但该参数常需要根据观测值进行调整，具有一定不确定性。

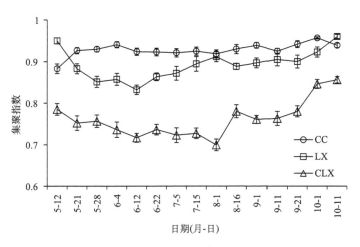

图 4-7　不同方法计算阔叶混交林集聚指数的季节变化

Fig. 4-7　Seasonal changes in the element clumping index by different methods in mixed broadleaf forests

不同方法包括 CC、LX 和 CLX 3 种方法，其值均由 DHP-TRAC 软件获得

Methods include CC，LX and CLX methods，and values were obtained directly from the DHP-TRAC software

4.2.10.2　树干指数

不同样方内，5 月 1 日树干指数（stem area index，SAI）的范围为 0.05~0.17（表 4-7），其均值为 0.13。总体来看，该时期树干占木质部的平均比例为 19%。10 月 21 日，不同样方内的 SLA 与 5 月 1 日不存在明显差异，均值为 0.14，该时期树干占木质部的平均比例为 22%。

表 4-7　阔叶混交林无叶期（5 月 1 日和 10 月 21 日）的树干指数

Table 4-7　The stem area index（SAI）during the leafless periods，May 1 and October 21，in the four mixed broadleaf forest plots

日期 Month-day	样地 1 Plot 1		样地 2 Plot 2		样地 3 Plot 3		样地 4 Plot 4		均值 Mean	
	SAI	SAI/WAI/%	SAI	SAI/WAI/%	SAI	SAI/WAI/%	SAI	SAI/WAI/%	SAI	SAI/WAI/%
5-1	0.10	14	0.05	8	0.19	29	0.17	24	0.13	19
10-21	0.10	15	0.13	24	0.10	13	0.24	36	0.14	22

4.2.10.3　直接法和间接法经过不同校正方案校正后的叶面积指数

LAI_{dir} 与 DHP 测定的 L_e（校正方案 A）均呈现显著的季节变化模式，两种方法测定的 LAI 的季节性变异系数分别为 64%和 40%（表 4-8）。总体来看，5 月 21 日至 10 月初，L_e 比 LAI_{dir} 平均低估 14%~55%，且低估程度随叶子数量的增多而增大。相对而言，在展叶初期（5 月 12 日）和凋落末期（10 月 11 日），L_e 比 LAI_{dir} 分别平均高估 78%和 226%，主要源于该时期木质部对 LAI 的贡献率明显大于其他时期。5 月 1 日至 10 月 21 日，P1、P2、P3 和 P4 4 个样方内 L_e 的变化范围，依次为 0.68~2.72、0.55~2.49、0.64~3.11 和 0.67~2.94。4 个样方内，LAI_{dir} 均在 7 月中旬达到峰值，值依次为 6.17±1.03、5.28±0.57、6.97±0.21 和 5.81±0.27。

LAI_{dir} 与未经过校正的 LAI_{DHP}（即校正方案 A）显著相关（$P<0.001$），$R^2=0.85$、RMSE=0.32（图 4-8，表 4-9）。然而，展叶初期和凋落末期，LAI_{DHP} 出现高估 LAI_{dir} 的现象。渐变期，在 75%的样点内，LAI_{DHP} 出现低估 LAI_{dir} 的现象，且平均低估 25%。稳定期，LAI_{DHP} 比 LAI_{dir} 平均低估 50%。

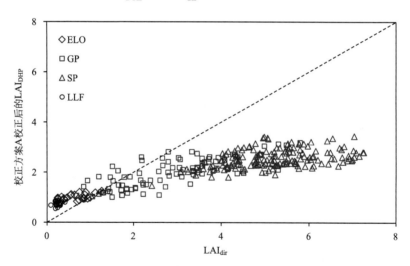

图 4-8　阔叶混交林不同时期不同样方内直接法（LAI_{dir}）和间接法经过校正方案 A 校正的
LAI_{DHP} 值的散点图（彩图请扫封底二维码）

Fig. 4-8　Scatter plots of direct LAI（LAI_{dir}）against indirect LAI（LAI_{DHP}）corrected according to scheme A for different periods in mixed broadleaf forests（Scanning QR code on back cover to see color graph）

ELO.展叶初期；GP.渐变期；SP.稳定期；LLF.凋落末期

ELO.Early leaf-out period；GP.Gradient period；SP.Stable period；LLF.Late leaf fall period

表 4-8 比较直接法和间接法测定阔叶混交林 LAI 的季节变化

Table 4-8 Direct and indirect estimates of seasonal changes in the LAI in the four mixed broadleaf forest plots

日期 Month-day	样方 1 Plot 1			样方 2 Plot 2			样方 3 Plot 3			样方 4 Plot 4			平均差异 Mean Dif./%
	LAI_{dir}	DHP L_e	Dif./%	LAI_{dir}	DHP L_e	Dif./%	LAI_{dir}	DHP L_e	Dif./%	LAI_{dir}	DHP L_e	Dif./%	
5-1	0	0.68（0.10）	—	0	0.58（0.11）	—	0	0.64（0.08）	—	0	0.72（0.14）	—	—
5-12	0.46（0.13）	1.00（0.08）	-126	0.49（0.24）	0.98（0.14）	-148	1.01（0.20）	1.10（0.15）	-10	0.82（0.15）	1.01（0.09）	-28	-78
5-21	1.97（0.34）	1.53（0.15）	20	1.69（0.77）	1.61（0.15）	-15	3.32（0.57）	2.37（0.14）	27	2.06（0.24）	1.59（0.24）	22	14
5-28	3.17（0.41）	2.40（0.26）	23	2.49（1.06）	2.06（0.19）	2	4.53（0.62）	2.82（0.24）	37	2.91（0.29）	2.31（0.36）	20	21
6-4	4.19（0.48）	2.40（0.26）	42	3.11（1.12）	2.35（0.25）	15	5.09（0.56）	2.86（0.26）	44	3.61（0.34）	2.30（0.36）	36	34
6-12	4.93（0.58）	2.39（0.21）	51	3.72（0.94）	2.27（0.21）	39	5.47（0.43）	2.36（0.27）	56	4.30（0.31）	2.63（0.24）	38	46
6-22	5.65（0.83）	2.65（0.27）	52	4.61（0.70）	2.20（0.18）	51	6.29（0.28）	2.98（0.26）	53	5.17（0.26）	2.68（0.19）	48	51
7-5	6.10（1.01）	2.71（0.23）	54	5.14（0.56）	2.47（0.44）	52	6.74（0.23）	2.68（0.24）	60	5.69（0.27）	2.60（0.37）	54	55
7-15	6.17（1.03）	2.69（0.34）	55	5.28（0.57）	2.49（0.25）	52	6.97（0.21）	2.92（0.31）	58	5.81（0.27）	2.62（0.23）	55	55
8-1	6.02（0.99）	2.48（0.13）	58	4.70（0.60）	2.37（0.32）	49	5.88（0.33）	3.02（0.17）	48	5.52（0.35）	2.94（0.30）	46	50
8-16	5.96（0.97）	2.72（0.21）	53	4.47（0.53）	2.35（0.20）	47	5.00（0.35）	3.11（0.41）	37	5.36（0.36）	2.77（0.06）	48	46

续表

日期	样方 1 Plot 1			样方 2 Plot 2			样方 3 Plot 3			样方 4 Plot 4			平均差异
Month-day	LAI$_{dir}$	DHP L_e	Dif./%	LAI$_{dir}$	DHP L_e	Dif./%	LAI$_{dir}$	DHP L_e	Dif./%	LAI$_{dir}$	DHP L_e	Dif./%	Mean Dif./%
9-1	5.60 (0.98)	2.42 (0.24)	55	3.89 (0.50)	2.10 (0.24)	46	4.10 (0.29)	2.52 (0.21)	38	4.87 (0.48)	2.45 (0.17)	49	47
9-11	5.46 (0.97)	2.51 (0.47)	54	3.68 (0.46)	2.05 (0.15)	43	3.91 (0.30)	2.27 (0.21)	42	4.64 (0.56)	2.29 (0.14)	50	47
9-21	4.49 (0.73)	2.07 (0.10)	53	2.52 (0.79)	1.80 (0.17)	22	3.33 (0.36)	2.05 (0.20)	38	3.57 (0.82)	2.11 (0.22)	36	37
10-1	2.25 (0.41)	1.22 (0.15)	44	1.33 (0.36)	1.03 (0.12)	18	1.55 (0.33)	1.25 (0.08)	17	1.30 (0.42)	1.20 (0.12)	0.6	20
10-11	0.32 (0.11)	0.82 (0.06)	−185	0.25 (0.05)	0.62 (0.06)	−152	0.23 (0.04)	0.76 (0.04)	−244	0.21 (0.08)	0.78 (0.07)	−321	−226
10-21	0	0.68 (0.08)	—	0	0.55 (0.03)	—	0	0.74 (0.04)	—	0	0.67 (0.06)	—	—
均值 Mean	3.69	1.96	—	2.79	1.76	—	3.73	2.14	—	3.28	1.98	—	—
变异系数 CV/%	64	40	—	67	41	—	64	41	—	65	40	—	—

注: 括号中的值为标准差; CV 为变异系数; 差异 (%) = (LAI$_{dir}$ − DHP L_e) / LAI$_{dir}$×100; "—" 表示该时期对应的值因凋落物法测定的 LAI 值为 0 而无法计算

Note: Values in parentheses are standard deviations; CV is the coefficient of variation; Dif. (%) = (LAI$_{dir}$ − DHP L_e) / LAI$_{dir}$×100; "—" meant values in the period could not be calculated because LAI values from litter collection were zero

表 4-9 阔叶混交林内直接法测定的 LAI（LAI_{dir}）与间接法经过不同校正方案校正的 LAI（LAI_{DHP}）间的回归分析

Table 4-9 Regression analyses of direct（LAI_{dir}）and indirect（LAI_{DHP}）estimates of the LAI for each correction scheme in mixed broadleaf forests

校正方案 Correction scheme		a	b	R^2	RMSE	P
A		1.2802	0.4107	0.85	0.32	<0.001
B	CC	0.5504	0.8373	0.86	0.37	<0.001
	LX	0.5244	0.9068	0.85	0.46	<0.001
	CLX	0.7511	0.8121	0.86	0.52	<0.001
C	CC	1.5544	0.5699	0.87	0.58	<0.001
	LX	1.5487	0.6043	0.86	0.69	<0.001
	CLX	1.9091	0.5951	0.86	0.55	<0.001
D	CC	0.8262	1.0579	0.90	0.78	<0.001
	LX	0.5691	1.2628	0.87	0.96	<0.001
	CLX	0.9797	1.0119	0.90	0.90	<0.001

注：回归关系为 $LAI_{DHP}=a\ LAI_{dir}^{\ b}$，$LAI_{DHP}$ 为 DHP 测定的 LAI，LAI_{dir} 为直接法测定的 LAI，a、b 为参数，其中校正方案 B、C、D 分别采用 CC、LX、CLX 3 种不同方法计算集聚指数，$n=300$

Note: Correlation is $LAI_{DHP}=a\ LAI_{dir}^{\ b}$, where LAI_{DHP} is the LAI estimated by DHP, LAI_{dir} is the LAI estimated by direct method, a and b are the parameters. The clumping index was calculated by CC, LX, and CLX method in scheme B, C, and D, respectively. $n=300$

在展叶初期和凋落末期，LAI_{DHP} 经过校正方案 B 校正后，其精度明显提高（图4-9）。然而，在渐变期，LAI_{dir} 和经过校正的 LAI_{DHP} 间的差异明显增大，LAI_{DHP-CC} 比 LAI_{dir} 平均低估 48%，而 LAI_{DHP-LX} 和 $LAI_{DHP-CLX}$ 比 LAI_{dir} 分别平均低估 42%和30%。这主要源于该时期间接法在测定 LAI 时过高地估计了木质部的贡献。总体来看，LAI_{dir} 和经过校正方案 B 校正的 LAI_{DHP} 显著相关（$P<0.001$），其中与 LAI_{DHP-LX} 的 R^2 值最小，为 0.85；与 $LAI_{DHP-CLX}$ 的 RMSE 值最大，为 0.52（表 4-9）。在整个调查时期，LAI_{DHP-CC}、LAI_{DHP-LX} 和 $LAI_{DHP-CLX}$ 均出现低估 LAI_{dir} 的现象，平均低估 50%、49%和 34%，结果表明木质部和集聚效应在测定 LAI 时产生的偏差不足以解释 DHP 和直接法测定的 LAI 间的差异。

总体来看，LAI_{dir} 与经过校正方案 C 校正的 LAI_{DHP} 显著相关（$P<0.001$）（图4-9，表 4-9）。稳定期，LAI_{DHP} 经过校正方案 C 校正后的精度明显高于校正方案B，LAI_{DHP-CC}、LAI_{DHP-LX} 和 $LAI_{DHP-CLX}$ 与 LAI_{dir} 的平均差异分别为 21%、18%和6%。然而，在展叶初期和凋落末期，基于校正方案 C，LAI_{DHP-CC}、LAI_{DHP-LX} 和

$LAI_{DHP-CLX}$ 与 LAI_{dir} 的差异显著高于校正方案 B，表明校正方案 C 并不适用于林冠中存在较少叶片的时期。

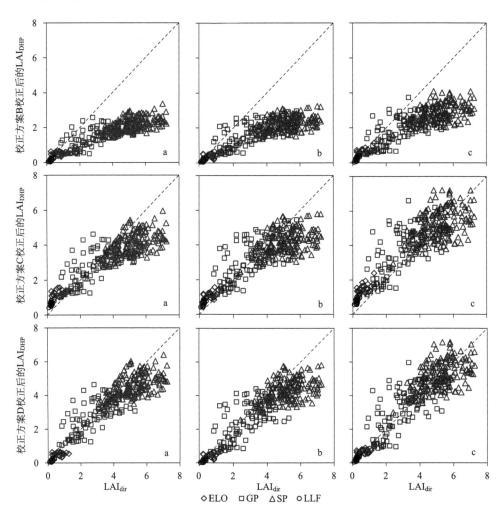

图 4-9　阔叶混交林不同时期不同样方内直接法测定的 LAI（LAI_{dir}）和间接法经过校正方案 B、C、D 校正后 LAI_{DHP} 的散点图（彩图请扫封底二维码）

Fig. 4-9　Scatter plots of direct LAI（LAI_{dir}）against indirect LAI（LAI_{DHP}）corrected according to Scheme B，Scheme C and Scheme D for different periods in mixed broadleaf forests（Scanning QR code on back cover to see color graph）

不同时期分为展叶初期、渐变期、稳定期和凋落末期；图中 a、b 和 c 分别表示不同校正方案中集聚指数分别采用 CC、LX 和 CLX 计算

Different periods include the early leaf-out period，gradient period，stable period and late leaf fall period. The a，b and c mean the clumping index was calculated by CC，LX，and CLX method in different scheme，respectively

相对而言，校正方案 D 在校正过程中，考虑了木质部、集聚效应及自动曝光对 LAI 贡献率的季节性差异，LAI_{DHP} 经过该方案校正后，精度明显提高（图 4-9，表 4-9）。展叶初期，CC 法校正冠层中的集聚效应效果优于 LX 和 CLX，且 LAI_{DHP-CC} 比 LAI_{dir} 平均低估 9%。渐变期，LAI_{dir} 与 LAI_{DHP-CC}、LAI_{DHP-LX} 的差异均为 6%，低于 LAI_{dir} 与 $LAI_{DHP-CLX}$ 的差异（12%）。稳定期和凋落末期，利用 CLX 方法计算集聚指数的效果优于 CC 和 LX，两个时期 LAI_{dir} 和 $LAI_{DHP-CLX}$ 间的差异分别为 5% 和 17%。总体来看，在整个调查期，LAI_{dir} 与 $LAI_{DHP-CLX}$、LAI_{DHP-CC} 和 LAI_{DHP-LX} 的差异分别为 4%、7% 和 17%，表明利用 DHP 测定 LAI 的季节变化时，经过合理校正其精度高于 83%。此外，$LAI_{DHP-CLX}$ 和 LAI_{DHP-CC} 之间的微小差异（3%）表明在利用 DHP 方法测定 LAI 时，因小林隙的缺失不会产生明显误差，而 LX 方法效果略差，可能主要源于在计算集聚指数时应用的片段长度过小。

4.3 讨　　论

4.3.1 直接法测定针阔混交林叶面积指数季节变化的可行性

本研究介绍了一种结合展叶调查和凋落物收集直接测定针阔混交林 LAI 季节变化的方法，其中进行展叶调查树种的数量、SLA 及常绿针叶树种的平均针叶寿命是确保该方法有效性和准确性的关键。首先，进行展叶调查的树种越多，其测定的 LAI 越准确。本研究针对阔叶红松林、谷地云冷杉林、白桦次生林和红松人工林 4 种针阔混交林，选择 10 个落叶阔叶树种、3 个常绿针叶树种和 1 个落叶针叶树种共 14 个树种进行展叶调查，这些树种产生的 LAI 占每个森林类型 LAI_{max} 的比例均超过 94%。本研究中，阔叶树种的 SLA 显著大于针叶树种，前者的平均值为后者均值的 3.6 倍（表 4-1）。其他学者也得到类似结论，如 Hoch 等（2003）报道落叶阔叶树种的平均 SLA 是常绿针叶的 3.5 倍。树种不同，其 SLA 存在差异，同一树种的 SLA 也通常存在明显的季节变异（Nouvellon et al.，2010；Majasalmi et al.，2013）。阔叶树种的 SLA 存在明显的季节性变异已被广泛报道，如 Bouriaud 等（2003）报道山毛榉的 SLA 在落叶季节的变异系数为 10%，与本研究结论类似（表 4-1）；Nouvellon 等（2010）的研究表明，桉树林的平均 SLA 在 1 年内的变异约为 20%，其他研究也得到类似结果（Wilson et al.，2000；Grassi et al.，2005）。相对而言，常绿针叶树种通常被认为其 SLA 的季节波动较小，因为全年均存在叶凋落现象（Viro，1955）；但 Misson 等（2006）指出，针叶树种的 SLA 也存在明显的季节性差异。本研究中，红松和冷杉 SLA 的季节性变异系数（均值为 6%）低于云杉（均值为 16%），可能主要源于云杉的针叶生物量或是针叶面积对环境因素更加敏感（如温度、光照）。忽略 SLA 的季节性变化（利用不同时期 SLA

的均值或是某一时期的 SLA 值）必然会导致高估或低估相应树种的 LAI。然而，对于物种组成丰富的森林生态系统，是否考虑主要树种 SLA 的季节变化对测定其 LAI_{max} 没有明显影响。本研究中，因主要树种 SLA 的季节性差异对测定阔叶红松林、谷地云冷杉林、白桦次生林和红松人工林的 LAI_{max} 产生的误差分别为 1%、1%、2% 和 2%。其他学者也得到类似结论，如 Bouriaud 等（2003）报道，SLA 的季节性差异对凋落物法测定 LAI 产生的变异为 5%。

本研究中忽略了 SLA 的空间变异，其对凋落物法测定 LAI 的准确性是否存在显著影响在以后研究中应给予更多关注。本研究通过破坏性取样法直接测定了常绿针叶树种的平均针叶寿命，此外不同树种最终的平均叶寿命是通过不同等级（主林层、次林层和被压层）树木的针叶寿命按其 BA 占所有等级树木总 BA 的比例进行加权获得的，并非是不同等级树木针叶寿命的算术平均值。因此，经评估，这种直接测定针阔混交林 LAI 季节变化的方法产生的总误差小于 6%，主要源于以上 3 个因素测定过程中的操作误差及其他不确定性，如电子天平的系统误差。

4.3.2　间接法测定针阔混交林叶面积指数的误差源

木质部对测定 LAI 的贡献率通常采用直接法和间接法测定。直接法测定木质比例（α）是通过破坏性取样，直接测定树干、树枝等产生的 LAI 占 PAI 的比例（Chen，1996）；间接法是通过光学仪器（如 DHP、LAI-2000）在无叶期测定 WAI，然后用有叶期的 PAI 直接减去该值来消除木质部对 LAI 的影响（Zou et al.，2009）。基于直接测定法，Chen（1996）报道北方针叶林 α 值的波动范围为 0.17~0.32；Deblonde 等（1994）测定了脂松（*Pinus resinosa*）林和北美短叶松（*Pinus banksiana*）林 α 值的范围分别为 0.08~0.12 和 0.10~0.33。然而，直接测定法费时费力，具有破坏性，只适用于小面积样地，而且很难用于监测 α 值的季节变化。利用光学仪器法测定 α 值操作简便、易于实施，然而该方法无法适用于不存在无叶期的针阔混交林或是常绿林。因此，这两种传统方法都不适于监测针阔混交林内 α 值的季节变化。本研究基于 DHP 和图像处理软件测定了针阔混交林内 α 值的季节性变异。木质部通常包括树干和树枝，其对 LAI 的贡献率随冠层内叶子的增加而减小，主要因为一些小的树枝被展出的叶子所遮蔽。此外，Kucharik 等（1998）指出，树干对 LAI 的贡献率能代表大部分木质部对 LAI 的总贡献率。这些结论为本研究方法提供了理论支撑，因为基于图像处理软件能有效地量化树干对 LAI 的贡献率，且该方法不具有破坏性、易于实施。然而，该方法测定的 α 值应作为木质部对 LAI 贡献率的上限，因为图像处理过程中并未考虑树干背后是否存在树叶，导致该值容易高估木质部的贡献率。整体来看，白桦次生林不同季节内的平均 α 值大于阔叶红松林、谷地云冷杉林和红松人工林，主要源于该森林类型内落叶树种所占比例远大于其他森林类型，而且白桦树种的树皮（白色）可视度高于其他树种。

4 种不同针阔混交林内，集聚指数（Ω_E）的季节性波动都很小，主要源于在计算 Ω_E 的过程中，大林隙对总的林隙分数的贡献率远大于小林隙（Chen，1996），且大林隙更能反映冠层水平上的集聚效应；小林隙的数量随林冠中叶子的展出而减少，随叶子的凋落而增多，而冠层中的大林隙随季节变化不存在明显差异，因此，不同森林类型的 Ω_E 值的季节变化较小，其他学者也得到了类似结论（Sprintsin et al.，2011）。

对于阔叶红松林、谷地云冷杉林、白桦次生林和红松人工林，其针簇比（γ_E）随季节变化的波动也较平缓，白桦次生林 γ_E 值的季节性变异系数最大，为 6.52%。相对而言，Chen（1996）报道北方针叶林 γ_E 值的季节性波动范围为 15%~25%，高于本研究结果，主要源于物种组成的差异。阔叶红松林、白桦次生林和红松人工林内，在展叶初期（5 月初）和凋落末期（10 月中旬以后），其 γ_E 值均高于其他时期，主要源于该时期该森林类型内几乎不存在阔叶，因此，根据式 4-13 在计算林分水平上的 γ_E 时增大了常绿针叶树种的权重。

4.3.3　针阔混交林内直接法和间接法测定的叶面积指数的比较

阔叶红松林、谷地云冷杉林、白桦次生林和红松人工林内，直接法和间接法测定的 LAI 间的差异均存在明显的季节变化。在阔叶红松林、谷地云冷杉林和红松人工林内，在每个调查时期，DHP 和 LAI-2000 测定的 L_e 均出现低估 LAI_{dir} 的现象，且低估程度随叶子的展出而增加，主要源于：①部分木质部被逐渐增加的叶子遮蔽，从而减小了木质部对 LAI 的贡献率；②冠层中的集聚效应随叶片数量的增加而增大。相对而言，在白桦次生林内，DHP 和 LAI-2000 测定的 L_e 在展叶初期和凋落末期均出现高估 LAI 的现象，主要源于该时期木质部对 LAI 的贡献率大于其他因素。因此，有效量化不同时期式 3-4 中的参数（α、Ω_E 和 γ_E）对于提高光学仪器法测定 LAI 季节变化的精度至关重要。红松人工林内，LAI_{dir} 和 $LAI_{DHP\text{-}corrected}$ 间的差异大于其他森林类型，其值为 15%；而阔叶红松林、谷地云冷杉林和白桦次生林内的相应差异分别为 11%、5% 和 11%。在校正 DHP 测定的 LAI 时，虽然自动曝光产生的差异经过校正，但红松人工林内的最大差异还可能主要源于不正确的曝光设置。因为，红松人工林内，暗针叶树种占绝对优势，致使冠层内的亮度偏低，增强了自动曝光低估 LAI 的程度。

LAI 的季节变化能够直接反映植被冠层对气候变化的响应，因此，快速、准确地测定 LAI 的季节变化对于更好地理解森林生态系统与气候的相互作用至关重要（Wang et al.，2005；Heiskanen et al.，2012；Hardwick et al.，2015；Savoy and Mackay，2015）。虽然直接法能够得到较准确的 LAI，但该方法很难用于大面积样地 LAI 及其季节变化的测定，相对而言，间接法更加方便、高效。因此，提高光学仪器法测定 LAI 的精度至关重要，表 4-5 为提高不同森林类型两种光学仪器法测定 LAI 的精度提供了校正参数，这些参数能够用于类似森林类型中 DHP 和 LAI-2000 测定的 LAI。总体来看，根据表 4-5 中的校正参数，DHP 和 LAI-2000 测定针阔混交林 LAI 季节变化的精度分别高于 85%和 91%。

4.3.4　阔叶混交林内直接法和间接法测定的叶面积指数的比较

在非破坏性条件下，凋落物法是直接测定不同森林生态系统 LAI 最常用、最有效的方法，尤其对落叶林，已得到广泛报道。其中，SLA 是保证该方法精度的重要因素，本研究在利用凋落物法测定阔叶混交林 LAI 的过程中，不仅考虑了不同树种 SLA 的季节性变化，还考虑了其空间变异。近年来，结合生长季节不同树种叶面积的增长规律和落叶季节的凋落物收集来测定落叶阔叶林 LAI 季节变化的研究得到了广泛关注（Nasahara et al.，2008；苏宏新等，2012；Potithep et al.，2013），本研究也采用类似方法。阔叶混交林内，共对 5 个树种进行了展叶调查，其最大时期的总 LAI 占整个林分总 LAI 的 86%，即生长季节 LAI_{max} 的 14%来源于未进行展叶调查的树种，因此，为进一步提高该方法测定 LAI 季节变化的精度，应对更多的树种进行展叶调查。然而，基于 5 个树种 LAI 的变异性，因未进行展叶调查，树种产生的偏差小于 0.4。利用该方法测定 LAI 的季节变化固然准确，但相对于光学仪器法却费时费力，尤其是凋落物的收集和分类。因此，对光学仪器法测定 LAI 的准确性进行评估，以及如何提高其测量精度十分必要。

众多研究表明，DHP 方法测定的 LAI 通常小于直接法测定值。例如，van Gardingen 等（1999）报道墨西哥丁香（*Gliricidia sepium*）林内 DHP 测定的 L_e 比破坏性取样法测定值低估 50%；Olivas 等（2013）在热带雨林内利用 DHP 测定的 L_e 比破坏性取样法测定值低估 30%。本研究中，在相同时期内（6 月和 7 月）DHP 测定的 L_e 比 LAI_{dir} 低估的范围为 34%~55%。然而，阔叶混交林内 L_e 与 LAI_{dir} 之间的差异随季节变化存在显著差异（−226%~55%），而且冠层内叶片数量越多，该差异越明显，其原因与针阔混交林内的相同。因此，评估不同季节 DHP 测定 LAI 的精度对于快速、准确地测定 LAI 的季节变化至关重要。

阔叶混交林内，WAI 的变化范围为 0.55~0.74，其他学者也得到了类似结论，例如，Dufrêne 和 Bréda（1995）测定阔叶混交林内的 WAI 的值为 0.67；Cutini 等（1998）报道落叶阔叶混交林内的 WAI 值为 0.80。5~10 月，利用 CC 法计算的集聚指数的范围为 0.88~0.95，与 Chen 等（2006）在落叶林中的集聚指数的范围相符（0.89~0.96）。此外，单独校正木质部对测定 LAI 产生的偏差会减小 LAI 值，而单独校正冠层中的集聚效应会增大 LAI。总体来看，通过校正木质部和集聚指数（校正方案 B）校正 DHP 测定的 L_e，其精度未得到明显提高，表明木质部和集聚效应产生的误差不足以解释 DHP L_e 与 LAI_{dir} 之间的差异。通过校正方案 C

校正 DHP L_e，其精度得到明显提高，尤其是渐变期和稳定期。这些结果表明，自动曝光是 DHP 测定 LAI 最大的误差源。Chen 等（2006）报道自动曝光状态下 DHP 测定的 LAI 比 LAI-2000 测定值低估约 40%。相对而言，木质部和集聚效应对 LAI 的贡献率通常可以相互抵消。此外，Eriksson 等（2005）报道利用 LAI-2000 测定落叶阔叶林叶面积最大时期的 LAI 相对准确，接近于直接法测定值。虽然校正方案 C 整体上能提高 DHP 测定 LAI 的准确率，但在展叶初期和凋落末期均出现高估 LAI$_{dir}$ 的现象，分别高估 99% 和 170%，这主要是该时期木质部对 LAI 的贡献率（90%）远大于叶片。此外，自动曝光在林冠中叶子较少的时期对 LAI 的贡献率远低于有叶期。例如，5 月 1 日和 10 月 21 日，利用 DHP 测定 LAI 时设置自动曝光和正确曝光模式产生的差异小于 3%，表明自动曝光状态下 DHP 能有效区分木质部和天空。因此，在叶子较少的时期，如展叶初期和凋落末期，校正自动曝光对 LAI 产生的偏差反而容易导致更大的偏差。在稳定期，LAI$_{DHP-CC}$ 经过校正方案 C 校正后仍比 LAI$_{dir}$ 低估 21%，可能主要因为高估了木质部对 LAI 的贡献。

众多研究表明，木质部对 DHP 测定 LAI 的贡献存在明显的季节变异（Eriksson et al.，2005；Kalácska et al.，2005），因为随叶子的增多，部分木质部被叶子遮蔽，随叶子的凋落，木质部重新暴露。此外，Kucharik 等（1998）的研究表明，北方森林中树枝拦截的辐射占总辐射的很小一部分，因此其对间接法测定的 LAI 的偏差可忽略，然而树干很少能被叶子遮蔽，其对间接法测定 LAI 的贡献显著，不能忽略。以往研究也表明，为提高光学仪器法测定 LAI 季节变化的准确性，应考虑木质部对 LAI 贡献的季节变化（Barclay et al.，2000；Zou et al.，2009）。本研究中，5 月 1 日和 10 月 21 日，树枝指数（BAI）占 WAI 的比例分别为 81% 和 78%，与以往研究结论相符，如 Whittaker 和 Woodwell（1967）报道温带落叶林中 BAI 占 WAI 的比例范围为 70%~80%。

5~10 月，通过校正方案 D，即考虑木质部、集聚效应和自动曝光对 DHP 测定 LAI 贡献的季节变化，LAI$_{DHP-CC}$ 与 LAI$_{dir}$ 之间的平均差异为 7%。经过该方案校正后，LAI$_{DHP-CC}$ 与 LAI$_{dir}$ 之间的相关性最好，最小 R^2 值为 0.90。虽然校正方案 D 考虑了不同误差源产生偏差的季节性变化，但该方案仍比较粗糙，尤其木质部对 LAI 的贡献，因为在春天和秋天时木质部对 LAI 的贡献可能大于叶片，所以，木质部对 LAI 的贡献随季节的变化应进一步研究。此外，在稳定期，经过校正方案 D 校正后，LAI$_{DHP-CC}$ 仍比 LAI$_{dir}$ 低估 11%，表明该时期除木质部、集聚效应和自动曝光对 DHP 测定 LAI 产生的偏差外，仍有其他不确定性存在。在稳定期，经过校正方案 D 校正后，LAI$_{DHP-CC}$ 与 LAI$_{dir}$ 的比值随着叶片的投影宽度与真实宽度的比值显著增加。其中，叶子的真实宽度通过实地采集样叶测定，且在稳定期叶片已成熟，叶片大小保持不变，但叶片的投影宽度是 DHP-TRAC 软件自动计算得到的（Chen and Cihlar，1995b），且逐渐增大。通常阔叶林内，软件计算得到的叶片投影宽度大于单独叶片的宽度，表明阔叶树种的叶片也呈集聚状态，而这种集聚状态光学仪器并未监测到，故引起 LAI 的低估。因此，光学仪器法在测定 LAI 时将阔叶看作叶元素的基本单位有时是不准确的，即阔叶林内是否存在像针叶林内的簇内集聚现象需要在今后进一步研究。

　　总而言之，直接法和间接法测定 LAI 都存在一定的局限性。本研究结合叶面积生长速率调查和凋落物收集虽然能准确地测定针阔混交林和阔叶混交林 LAI 的季节动态，但实施难度较高，尤其是为防止凋落物腐烂需要定期收集和整理凋落物。光学仪器法操作简便，更适于监测森林生态系统 LAI 的时空动态，然而其精度需要校准。LAI-2000 测定的 LAI 经过校正后更加接近真实值，但价格昂贵，获取的林冠信息有限，尤其是郁闭度较高的林冠内获取 LAI-2000 的天空校正值难度很大，这些因素限制了 LAI-2000 的普及和推广。DHP 的精度虽略低于 LAI-2000，但价格低廉，而且能提取多种林冠结构参数，图像数据能够永久保存；随着高分辨率数码相机的发展及相关处理软件的开发极大地提高了 DHP 的精度和效率，相对于 LAI-2000，DHP 将更有潜力成为监测森林生态系统 LAI 时空动态的常用方法。

4.4　本 章 小 结

　　本研究结合展叶调查和凋落物收集直接测定了针阔混交林 LAI 的季节变化，该法不仅能测定林分水平上 LAI 的季节动态，还能测定主要树种 LAI 的动态变化。以该方法测定值（LAI_{dir}）为参考，评估了 DHP 和 LAI-2000 两种光学仪器法测定针阔混交林 LAI 季节变化的精度，同时量化了不同森林类型中影响光学仪器法测定值的因素的季节性变异。

　　阔叶树种的 SLA 均大于针叶树种；阔叶树种中，毛榛子的 SLA 最大，春榆最小；针叶树种中，落叶针叶树种（兴安落叶松）的 SLA 大于常绿针叶树种，如红松、冷杉和云杉。大部分树种的 SLA 存在显著的季节性差异，且树种不同，其 SLA 的季节变化模式也存在差异。木质比例（α）随森林类型和季节的变化而存在差异，其变异程度主要取决于森林类型内常绿树种和落叶树种的比例；不同森林类型内集聚指数（Ω_E）和针簇比（γ_E）均不存在明显的季节性波动。此外，自动曝光是 DHP 方法测定 LAI 最大的误差源，而 γ_E 对 LAI-2000 低估直接法测定值的贡献最大。

　　阔叶红松林内，DHP 测定的有效 LAI（DHP L_e）显著低估 LAI_{dir}（$P<0.05$），低估范围为 56%~65%，平均低估 61%；LAI-2000 测定的有效 LAI（LAI-2000 L_e）也显著低估 LAI_{dir}（$P<0.05$），低估范围为 22%~40%，平均低估 35%。DHP L_e 经过 α、Ω_E、γ_E 和自动曝光校正系数（E）4 个参数的校正后（$LAI_{DHP\text{-}corrected}$），

$LAI_{DHP-corrected}$ 比 LAI_{dir} 平均低估 11%。LAI-2000 L_e 经过 α、Ω_E 和 γ_E 3 个参数的校正后（$LAI_{2000-corrected}$），其精度得到显著提高，$LAI_{2000-corrected}$ 与 LAI_{dir} 的平均差异为 6%。

谷地云冷杉林内，直接法和间接法测定的 LAI 的季节波动较平缓。从 5~11 月，DHP L_e 均显著低估 LAI_{dir}（$P < 0.05$），低估范围为 41%~53%，平均低估 48%；LAI-2000 L_e 同样显著低估 LAI_{dir}，低估范围为 19%~33%，平均低估 28%。然而，经过校正后，$LAI_{DHP-corrected}$ 与 LAI_{dir} 的平均差异为 5%；同样，LAI-2000 测定 LAI 的精度也明显提高，$LAI_{2000-corrected}$ 比 LAI_{dir} 平均低估 9%。

白桦次生林内，直接法和间接法测定的 LAI 的季节性变异程度明显高于其他森林类型，不同方法的季节性变异系数的范围为 33%~62%。在展叶初期和凋落末期（如 5 月 1 日、5 月 15 日、10 月 15 日及 11 月 1 日），DHP L_e 和 LAI-2000 L_e 均显著高估 LAI_{dir}（$P < 0.05$）。5~11 月，DHP L_e 比 LAI_{dir} 平均高估 7%，LAI-2000 L_e 比 LAI_{dir} 平均高估 22%。经过校正后， $LAI_{DHP-corrected}$ 与 LAI_{dir} 的平均差异小于 5%，$LAI_{2000-corrected}$ 与 LAI_{dir} 的平均差异小于 6%。

红松人工林内，5~11 月，DHP L_e 显著低估 LAI_{dir}（$P < 0.05$），低估范围为 55%~68%，平均低估 64%，同样，LAI-2000 L_e 比 LAI_{dir} 平均低估 27%，低估范围为 19%~39%。经过校正后，5~11 月，$LAI_{DHP-corrected}$ 与 LAI_{dir} 的平均差异为 15%，$LAI_{2000-corrected}$ 与 LAI_{dir} 的平均差异小于 5%。研究结果表明，经过合理校正，DHP 和 LAI-2000 测定针阔混交林 LAI 季节变化的精度可分别高于 85% 和 91%。

阔叶混交林内，结合生长季节的展叶调查和落叶季节的凋落物收集，直接测定了其 LAI 的季节变化，该值作为 LAI_{dir}，用于评估 DHP 方法测定 LAI（LAI_{DHP}）的精度。LAI_{DHP} 校正前，5 月 21 日到 10 月 1 日，其比 LAI_{dir} 低估 14%~55%；但在 5 月 12 日和 10 月 11 日分别比 LAI_{dir} 高估 78% 和 226%。LAI_{DHP} 经过校正方案 D 的校正后，DHP 方法测定阔叶混交林 LAI 季节变化的精度高于 83%，该结果表明，在考虑木质部、集聚效应和曝光设置对 LAI 贡献率的季节变异的条件下，DHP 方法能够快速、有效地测定落叶阔叶混交林 LAI 的季节变化。

5 构建直接法和间接法测定的叶面积指数间的经验模型

以阔叶红松林、谷地云冷杉林、红松人工林、兴安落叶松人工林及阔叶混交林为研究对象,分别构建不同时期直接法和间接法测定的 LAI 间的经验模型,旨在为通过经验模型提高光学仪器法测定不同森林类型 LAI 季节变化的精度。其中,对于前 3 个森林类型,在 5~11 月的每月初,分别构建直接法和两种光学仪器法(DHP 和 LAI-2000)测定值间的经验模型;对于兴安落叶松人工林,因其 5 月初和 11 月初,其 LAI 几乎为 0,所以,在 5 月和 10 月中旬,在 6~10 月的每月初,分别构建直接法和两种光学仪器法(DHP 和 LAI-2000)测定值间的经验模型。对于阔叶混交林,在进行展叶调查和凋落物收集的每个时期分别构建直接法和 DHP 测定值间的经验模型,具体调查时期参照 4.1.1.1。

5.1 研 究 方 法

本研究中,直接法和间接法测定 LAI 间的经验模型采用幂函数形式构建,以阔叶红松林为例介绍 3 种不同的经验模型构建方式。直接法测定 LAI 的具体步骤同 4.1.1,DHP 测定 LAI 的具体步骤同 3.1.2.1。

5.1.1 季节性经验模型

在每个时期,分别构建直接法和间接法测定的 LAI 间的经验模型(共计 7 个),将该类模型称为季节性经验模型。通过季节性经验模型,间接法能相对准确地测定阔叶红松林 LAI 的季节变化,但该类模型数量较多、操作复杂。

5.1.2 整体经验模型

忽略季节性经验模型的季节性变异,将所有时期的数据归为一类,然后构建直接法和间接法测定的 LAI 间的经验模型,将该类模型称为整体经验模型。整体经验模型易于实施,但通过该类模型间接法很难准确地测定每个时期的 LAI。

5.1.3 分类经验模型

综合季节性经验模型和整体经验模型的构建规则,将每个时期构建的经验模型按下列原则进行整合分类:首先把 5 月和 6 月直接法和间接法测定的 LAI 组合在一起,构建直接法和间接法测定值间的经验模型,基于该经验模型获得间接法测定值的预测值，然后利用配对样本 t 检验（$\alpha=0.05$）的方法分别检验 5 月、6 月的预测值和直接法测定值是否存在显著差异。若 5 月、6 月的预测值和直接法测定值都不存在显著差异，即该经验模型适用于 5 月和 6 月；此时将 5 月、6 月和 7 月直接法和间接法测定的 LAI 组合在一起进行类似检验，以此类推；若 5 月或 6 月中有一个月的预测值和直接法测定值间存在显著差异，则证明该经验模型不能同时适用于 5 月和 6 月；此时将 5 月和 7 月直接法和间接法测定的 LAI 数据组合在一起进行类似检验。将不同时期直接法和间接法测定的 LAI 进行重复检验，直至把所有不存在差异性的数据归为一类，然后构建二者的经验模型，将该类经验模型称为分类经验模型。

5.2 结果与分析

5.2.1 针阔混交林内直接法和间接法测定的叶面积指数间的经验模型

5.2.1.1 季节性经验模型

在阔叶红松林、谷地云冷杉林和红松人工林内的每个时期，基于幂函数，构建了直接法和间接法测定的 LAI 间的经验模型（图 5-1，图 5-2）。每个时期，直接法测定的 LAI（LAI_{dir}）与 DHP 或 LAI-2000 测定的有效 LAI（DHP L_e，LAI-2000 L_e）均显著相关（$P<0.01$）。5~11 月，阔叶红松林、谷地云冷杉林和红松人工林内，LAI_{dir} 与 DHP L_e 相关关系中的 R^2 值范围分别为 0.42~0.76、0.34~0.82 和 0.41~0.72；LAI_{dir} 与 LAI-2000 L_e 相关关系中的 R^2 值范围分别为 0.41~0.89、0.39~0.73 和 0.48~0.77。结果表明，不同森林类型的经验模型随季节变化而存在差异。在不同森林类型内的每个时期，直接法测定的 LAI 与基于两种间接法通过季节性经验模型测定的 LAI 均不存在显著差异（图 5-3，图 5-4），表明该类模型适用于测定不同森林类型 LAI 的季节变化，但该方法操作复杂、费时费力。

5.2.1.2 整体经验模型

在整个调查期内，在阔叶红松林、谷地云冷杉林和红松人工林内，直接法和间接法测定的 LAI 均显著相关（$P<0.01$）（图 5-5）。相对而言，阔叶红松林内，LAI_{dir} 与 DHP L_e 的相关性最优，其 R^2 值为 0.68；同样，LAI_{dir} 与 LAI-2000 L_e 的相关性也在该森林类型内最优，其 R^2 值为 0.87。相对于季节性经验模型，该方法操作简便、易于实施，但基于两种间接法，通过整体经验模型并不能完整、准确地测定不同森林类型 LAI 的季节变化（图 5-3，图 5-4），如在阔叶红松林内，基于 DHP，在 8 月和 10 月，整体经验模型测定的 LAI 与 LAI_{dir} 存在显著差异；整体经

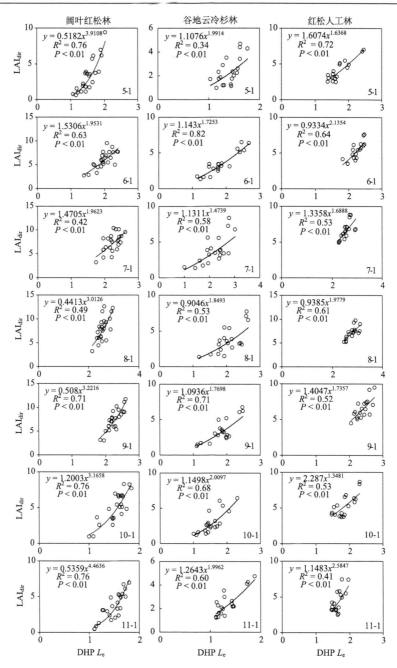

图 5-1　不同森林类型直接法测定的 LAI（LAI_{dir}）和 DHP 测定的有效 LAI（DHP L_e）间的季节性经验模型

Fig. 5-1　The season-dependent models relating the direct LAI（LAI_{dir}）and effective LAI from DHP（DHP L_e）measurements during each period in the three different forest stands

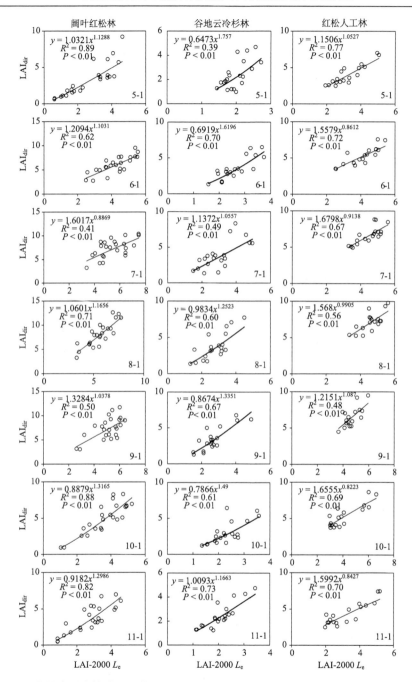

图 5-2　不同森林类型直接法测定的 LAI（LAI$_{dir}$）和 LAI-2000 测定的有效 LAI（LAI-2000 L_e）
间的季节性经验模型

Fig. 5-2　The season-dependent models relating the direct LAI（LAI$_{dir}$）and effective LAI from
LAI-2000（LAI-2000 L_e）measurements during each period in the three different forest stands

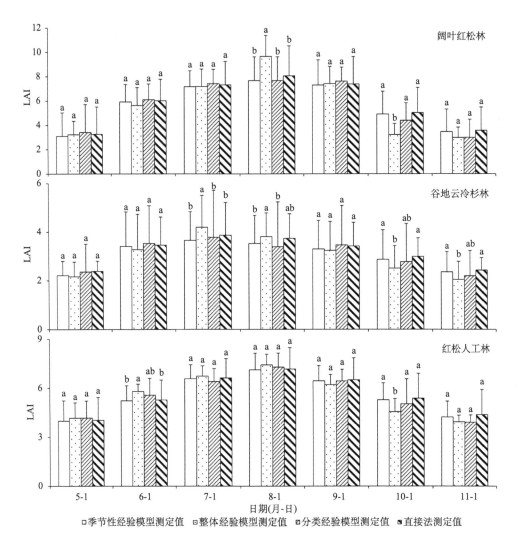

图 5-3　比较不同森林类型直接法测定的 LAI 和 3 种经验模型基于 DHP 测定的 LAI 的季节变化，经验模型包括季节性经验模型、整体经验模型和分类经验模型

Fig. 5-3　Comparison of the direct LAI with the estimated LAI through season-dependent models，entire-season models and classified models for the DHP method during each period in the different forest stands

同一时期内不同小写字母表示不同方法计算的 LAI 该时期在 0.05 水平上存在显著差异

Different lowercase letters within a single period indicate that significant differences exist among the LAI values of different formats at the $P < 0.05$ level

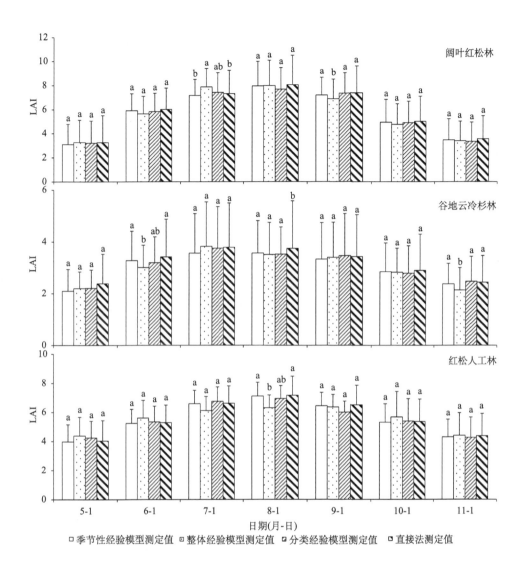

图 5-4　比较不同森林类型直接法测定的 LAI 和 3 种经验模型基于 LAI-2000 测定的 LAI 的季
　　　节变化，经验模型包括季节性经验模型、整体经验模型和分类经验模型

Fig. 5-4　Comparison of the direct LAI with the estimated LAI through season-dependent models，
　　　entire-season models and classified models for the LAI-2000 method during each period in the
　　　different forest stands

同一时期内不同小写字母表示不同方法计算的 LAI 该时期在 0.05 水平上存在显著差异

Different lowercase letters within a single period indicate that significant differences exist among the LAI values of
different formats at the $P<0.05$ level

验模型同样不适于测定谷地云冷杉林内 7 月、10 月和 11 月的 LAI，以及红松人工林内 6 月和 10 月的 LAI。相对而言，基于 LAI-2000，整体经验模型不适于测定阔叶红松林 7 月和 9 月的 LAI，谷地云冷杉林 6 月、8 月和 11 月的 LAI，以及红松人工林 8 月的 LAI。

5.2.1.3 分类经验模型

结合季节性经验模型和整体经验模型的优势，将季节性经验模型进行整合分类。结果表明，森林类型不同，分类经验模型存在差异（图 5-6~图 5-8）。阔叶

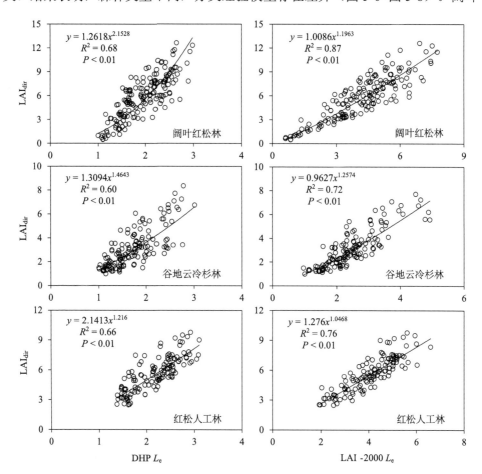

图 5-5 不同森林类型直接法测定的 LAI（LAI_{dir}）和间接法测定的有效 LAI（DHP L_e 和 LAI-2000 L_e）间的整体经验模型

Fig. 5-5 The entire-season models relating the direct LAI（LAI_{dir}）and effective LAI from both DHP and LAI-2000（DHP L_e and LAI-2000 L_e）measurements during each period in the three different forest stands

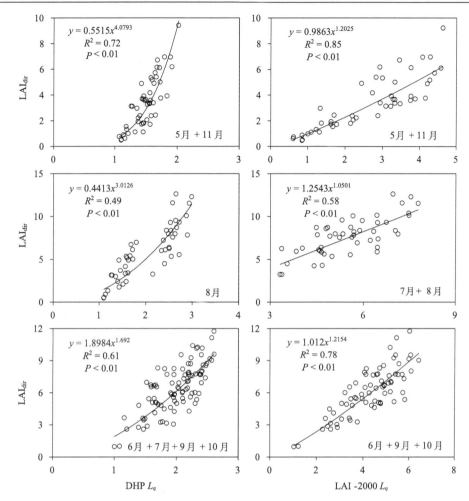

图 5-6　阔叶红松林直接法测定的 LAI（LAI$_{dir}$）和间接法测定的有效 LAI（DHP L_e 和 LAI-2000 L_e）间的分类经验模型

Fig. 5-6　The classified models relating the direct LAI（LAI$_{dir}$）and effective LAI from both DHP and LAI-2000（DHP L_e and LAI-2000 L_e）measurements in the mixed broadleaved-Korean pine forest

红松林内，基于 DHP，分类经验模型可分为 3 类，分别适用于测定以下时期的 LAI：5 月+11 月、8 月、6 月+7 月+9 月+10 月（图 5-6），R^2 值分别为 0.72、0.49 和 0.61。相对而言，基于 LAI-2000，分类经验模型也分为 3 类，分别适用于测定以下时期的 LAI：5 月+11 月、7 月+8 月、6 月+9 月+10 月，R^2 值分别为 0.85、0.58 和 0.78（图 5-6）。谷地云冷杉林内，基于 DHP 和 LAI-2000，其分类经验模型可分为相同的 3 类，分别适用于测定以下时期的 LAI：5 月+11 月、7 月+8 月、6 月+9 月+10 月（图 5-7），R^2 值分别为 0.42 和 0.72、0.55 和 0.70、0.72 和 0.68。红松人工林内，基于 DHP 和 LAI-2000，其分类经验模型可分为相同的 2 类，分别适用于测定以下时期的 LAI：5 月+6 月+9 月+10 月+11 月、7 月+8 月（图 5-7），R^2 值分别为 0.60 和 0.76、0.56 和 0.62。不同森林类型内，基于 DHP 和 LAI-2000，其分类经验模型测定的 LAI 与其相应的直接法测定值均不存在显著差异（图 5-3，图 5-4），表明分类经验模型能完整、准确地测定 LAI 的季节变化，此外，该方法还简化了操作流程、省时省力。

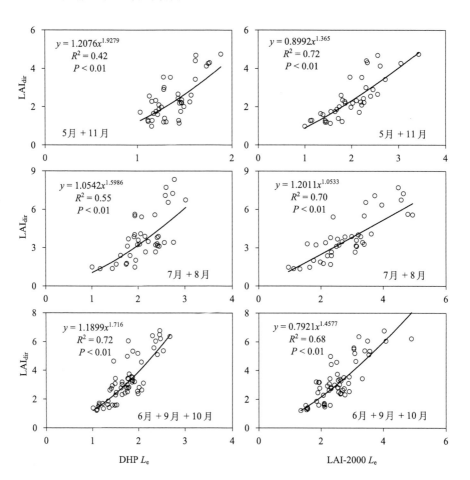

图 5-7　谷地云冷杉林直接法测定的 LAI（LAI_{dir}）和间接法测定的有效 LAI（DHP L_e 和 LAI-2000 L_e）间的分类经验模型

Fig. 5-7　The classified models relating the direct LAI（LAI_{dir}）and effective LAI from both DHP and LAI-2000（DHP L_e and LAI-2000 L_e）measurements in spruce-fir valley forest

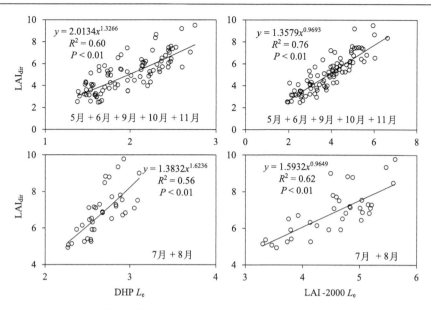

图 5-8 红松人工林直接法测定的 LAI（LAI_{dir}）和间接法测定的有效 LAI（DHP L_e 和 LAI-2000 L_e）间的分类经验模型

Fig. 5-8 The classified models relating the direct LAI（LAI_{dir}）and effective LAI from both DHP and LAI-2000（DHP L_e and LAI-2000 L_e）measurements in the Korean pine plantation

阔叶红松林内，5~11 月，DHP 和 LAI-2000 测定的 L_e 均出现低估 LAI_{dir} 的现象，其低估范围分别为 30%~67% 和 10%~28%（表 5-1），然而，基于分类经验模型，两种间接法测定的 LAI 与 LAI_{dir} 的最大差异分别为 13% 和 5%。谷地云冷杉林内，DHP L_e 和 LAI-2000 L_e 在 5~11 月分别比 LAI_{dir} 低估 29%~40% 和 10%~20%，通过分类经验模型，两种间接法测定的 LAI 与 LAI_{dir} 的差异分别小于 9% 和 6%。红松人工林内，5~11 月，DHP 和 LAI-2000 测定的 L_e 均出现低估 LAI_{dir} 的现象，其低估范围分别为 55%~64% 和 17%~35%（表 5-1），然而，基于分类经验模型，两种间接法测定的 LAI 与 LAI_{dir} 的最大差异均小于 8%。这些结果表明，基于分类经验模型，利用 DHP 法测定阔叶红松林、谷地云冷杉林和红松人工林 LAI 的季节变化，其精度分别高于 87%、91% 和 92%，相应 LAI-2000 的精度分别高于 95%、94% 和 92%。

5.2.2　阔叶混交林内直接法和间接法测定的叶面积指数间的经验模型

每个调查时期，直接法测定的 LAI（LAI_{dir}）和 DHP 测定的 LAI（DHP L_e）均显著相关（$P<0.01$，除 8 月 16 日 $P<0.05$ 外）（图 5-9），R^2 值的范围为 0.29~0.65。整个调查周期内，LAI_{dir} 与 DHP L_e 也显著相关（$R^2=0.88$，$P<0.01$）（图 5-10）。

表 5-1　　不同森林类型不同时期直接法测定的 LAI 与间接法测定的有效 LAI（L_e）及基于分类经验模型测定的 LAI（LAI_{Cla}）间的差异分析

Table 5-1　　The differences between the direct LAI and the effective LAI（L_e）from DHP and LAI-2000 measurements，the estimated LAI obtained through classified models（LAI_{Cla}）during each period in different forest stands

日期	阔叶红松林 Mixed broadleaved-Korean pine forest				谷地云冷杉林 Spruce-fir valley forest				红松人工林 Korean pine plantation			
	DHP		LAI-2000		DHP		LAI-2000		DHP		LAI-2000	
Month-day	L_e	LAI_{Cla}	L_e	LAI_{Cla}	L_e	LAI_{Cla}	L_e	LAI_{Cla}	L_e	LAI_{Cla}	L_e	LAI_{Cla}
5-1	30	−13	10	−4	29	1	10	−1	55	−8	17	−8
6-1	65	−6	27	−1	40	−2	15	−1	56	−7	22	−2
7-1	67	−7	23	−5	35	2	20	1	60	2	32	−3
8-1	65	−1	28	1	35	−4	16	−6	60	−3	35	2
9-1	67	−10	27	−4	39	−9	13	−6	62	−1	27	6
10-1	62	3	21	−3	40	5	10	4	64	6	22	−2
11-1	36	5	11	−4	38	3	10	−5	59	2	24	1

注：差异（%）＝（直接法测定值−有效值或分类经验模型测定值）/ 直接法测定值×100

Note: Difference（%）＝（Direct LAI−effective LAI or estimated LAI through classified models）/ Direct LAI×100

综合两种方法的原则，得到 4 种分类经验模型（图 5-11）：分类经验模型 A 适用于 5 月 12 日、5 月 21 日、6 月 4 日、8 月 1 日及 8 月 16 日；分类经验模型 B 适用于 5 月 28 日和 10 月 1 日；分类经验模型 C 适用于 6 月 12 日、6 月 22 日、9 月 1 日、9 月 11 日及 9 月 21 日；分类经验模型 D 适用于 7 月 5 日、7 月 15 日及 10 月 11 日。在 A、B、C、D 4 种分类经验模型中，LAI_{dir} 与 DHP L_e 均显著相关，其 R^2 值分别为 0.88、0.71、0.63、097。

每种方法测定的 LAI 均存在明显的季节变化。LAI 在 7 月 15 日达到峰值为 6.06，10 月 11 日最小为 0.25（图 5-12）。5 月 12 日至 6 月 4 日，LAI 出现快速增大现象，从 0.70 增大到 4.00，表明该时期是大部分树种展叶高峰期。相对而言，LAI 在 7 月 15 日至 9 月 21 日出现小幅下降，但从 9 月 21 日进入落叶高峰期，持续约 10 天，LAI 从 3.48 减小到 1.61。

基于 DHP 方法，季节性经验模型测定的 LAI 在每个调查期最接近于直接法测定值（图 5-12），但该方法模型较多，操作复杂。相对而言，整体经验模型操作简便，但不能完整、准确地测定每个时期的 LAI，如 5 月 28 日、8 月 4 日、

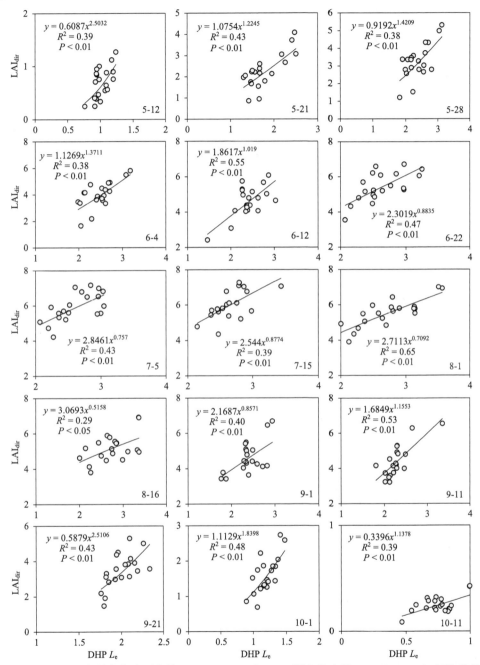

图 5-9 阔叶混交林直接法测定的 LAI（LAI$_{dir}$）和 DHP 测定的有效 LAI（DHP L_e）间的季节性经验模型

Fig. 5-9 The season-dependent models relating the direct LAI（LAI$_{dir}$）and effective LAI from DHP（DHP L_e）measurements during each period in mixed broadleaf forests

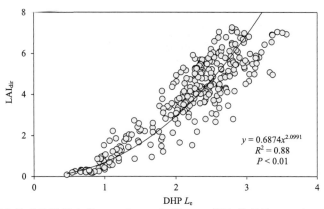

图 5-10　阔叶混交林直接法测定的 LAI（LAI_{dir}）和 DHP 测定的有效 LAI（DHP L_e）间的整体经验模型

Fig. 5-10　The entire-season models relating the direct LAI（LAI_{dir}）and effective LAI from DHP（DHP L_e）measurements during each period in mixed broadleaf forests

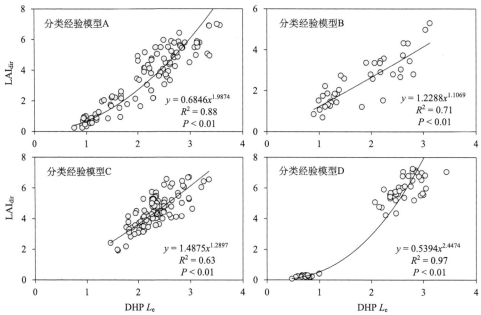

图 5-11　阔叶混交林直接法测定的 LAI（LAI_{dir}）和 DHP 测定的有效 LAI（DHP L_e）间的分类经验模型

Fig. 5-11　The classified models relating the direct LAI（LAI_{dir}）and effective LAI from DHP（DHP L_e）measurements in mixed broadleaf forests

分类经验模型 A 适用于 5 月 12 日、5 月 21 日、6 月 4 日、8 月 1 日和 8 月 16 日；分类经验模型 B 适用于 5 月 28 日和 10 月 1 日；分类经验模型 C 适用于 6 月 12 日、6 月 22 日、9 月 1 日、9 月 11 日和 9 月 21 日；分类经验模型 D 适用于 7 月 5 日、7 月 15 日和 10 月 11 日

Classified model A is available on May 12，May 21，June 4，August 1 and August 16；Classified model B is available on May 28 and October 1；Classified model C is available on June 12，June 22，September 1，September 11 and September 21；Classified model D is available on July 5，July 15 and October 11

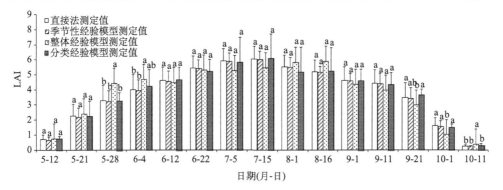

图 5-12 比较阔叶混交林内直接法测定的 LAI 和 3 种经验模型基于 DHP 测定的 LAI 的季节变化，经验模型包括季节性经验模型、整体经验模型和分类经验模型

Fig. 5-12 Comparison of the direct LAI with the estimated LAI through season-dependent models，entire-season models and classified models for the DHP method during each period in the different forest stands

同一时期内不同小写字母表示不同方法计算的 LAI 该时期在 0.05 水平上存在显著差异

Different lowercase letters within a single period indicate that significant differences exist among the LAI values of different formats at the *P*＜0.05 level

10 月 1 日及 10 月 11 日，整体经验模型测定的 LAI 与 LAI_{dir} 均存在显著差异（*P*＜0.01）（图 5-21）。然而，分类经验模型不仅能完整、准确地测定 LAI 的季节变化，而且提高了工作效率。

5.2.3 落叶针叶林内直接法和间接法测定的叶面积指数间的经验模型

5.2.3.1 季节性经验模型

在兴安落叶松人工林内的每个时期，基于幂函数，构建了直接法和间接法测定的 LAI 间的经验模型（图 5-13）。每个时期，直接法测定的 LAI（LAI_{dir}）与

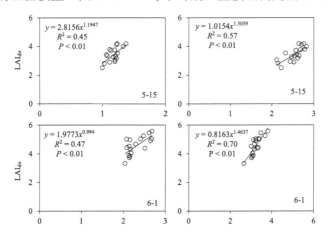

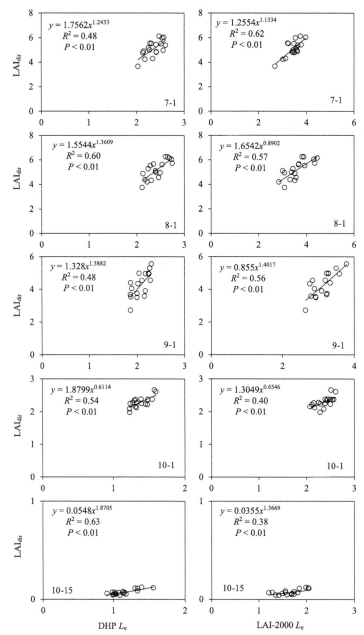

图 5-13　兴安落叶松人工林直接法测定的 LAI（LAI_{dir}）和间接法测定的有效 LAI（DHP L_e 和 LAI-2000 L_e）间的季节性经验模型

Fig. 5-13　The season-dependent models relating the direct LAI（LAI_{dir}）and effective LAI from both DHP and LAI-2000（DHP L_e and LAI-2000 L_e）measurements during each period in the Dahurian larch plantation

DHP 或 LAI-2000 测定的有效 LAI（DHP L_e，LAI-2000 L_e）均显著相关（$P < 0.01$）。5~11 月，兴安落叶松人工林内，LAI_{dir} 与 DHP L_e 相关关系中的 R^2 值为 0.45~0.63；LAI_{dir} 与 LAI-2000 L_e 相关关系中的 R^2 值为 0.38~0.70。结果表明，落叶针叶林内的直接法和间接法测定的 LAI 间的经验模型随季节变化而存在差异。

5.2.3.2 整体经验模型

在整个调查期内，在兴安落叶松人工林内，直接法和 DHP、LAI-2000 两种间接法测定的 LAI 均显著相关（$P < 0.01$）（图 5-14）。LAI_{dir} 与 LAI-2000 L_e 的相关性优于 LAI_{dir} 与 DHP L_e 的相关性，其 R^2 值分别为 0.76 和 0.44。同其他森林类型一样，相对于季节性经验模型，该方法操作简便、易于实施，但基于两种间接法，通过整体经验模型并不能完整、准确地测定不同森林类型 LAI 的季节变化（图 5-15），基于 DHP，在 5 月、6 月、8 月、9 月和 10 月，整体经验模型测定的 LAI 与 LAI_{dir} 均存在显著差异，即整体经验模型只能准确测定 7 月的 LAI；相对而言，基于 LAI-2000，整体经验模型不适于测定兴安落叶松人工林内 5 月、7 月、8 月和 10 月的 LAI。

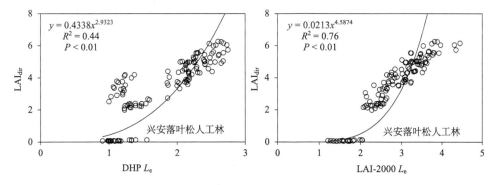

图 5-14 兴安落叶松人工林直接法测定的 LAI（LAI_{dir}）和间接法测定的有效 LAI（DHP L_e 和 LAI-2000 L_e）间的整体经验模型

Fig. 5-14 The entire-season models relating the direct LAI（LAI_{dir}）and effective LAI from both DHP and LAI-2000（DHP L_e and LAI-2000 L_e）measurements during entire eriods in the Dahurian larch plantation

5.2.3.3 分类经验模型

结合季节性经验模型和整体经验模型的优势，将季节性经验模型进行整合分类。结果表明，方法不同，同一森林类型的直接法和间接法测定的 LAI 间的分类经验模型存在差异，但直接法和间接法测定的 LAI 值间均显著相关（图 5-15）。

兴安落叶松人工林内，基于 DHP，分类经验模型可分为 A、B、C 3 类，分别适用于测定以下时期的 LAI：5 月+6 月+9 月、7 月+8 月+10 月初、10 月中旬（图 5-15），R^2 值分别为 0.54、0.95 和 0.63。相对而言，基于 LAI-2000，分类经验模型分为 A、B、C、D 4 类，分别适用于测定以下时期的 LAI：5 月+6 月+9 月、7 月+8 月、10 月初和 10 月中旬，R^2 值分别为 0.74、0.57、0.40 和 0.38（图 5-15）。落叶针叶林内，基于 DHP 和 LAI-2000，其分类经验模型测定的 LAI 与其相应的直接法测定值均不存在显著差异（图 5-16），表明同其他森林类型一样，分类经验模型能完整、准确地测定 LAI 的季节变化，且能简化操作流程、省时省力。

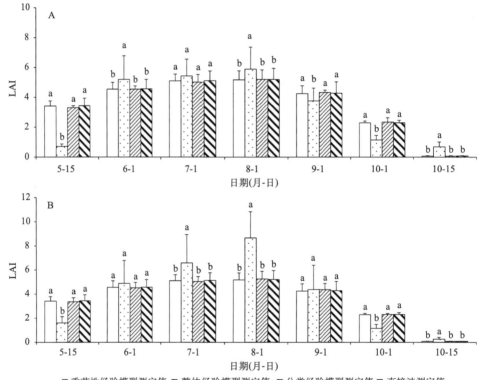

□ 季节性经验模型测定值 □ 整体经验模型测定值 ▨ 分类经验模型测定值 ▧ 直接法测定值

图 5-15　比较兴安落叶松人工林内直接法和 3 种经验模型基于 DHP（A）、LAI-2000（B）测定的 LAI 的季节变化，经验模型包括季节性经验模型、整体经验模型和分类经验模型

Fig. 5-15　Comparison of the true LAI with the estimated LAI through season-dependent models，entire-season models and classified models for both DHP（A）and LAI-2000（B）methods during each period in the Dahurian larch plantation

同一时期内不同小写字母表示不同方法计算的 LAI 该时期在 0.05 水平上存在显著差异

Different lowercase letters within a single period indicate that significant differences exist among the LAI values of different formats at the $P < 0.05$ level

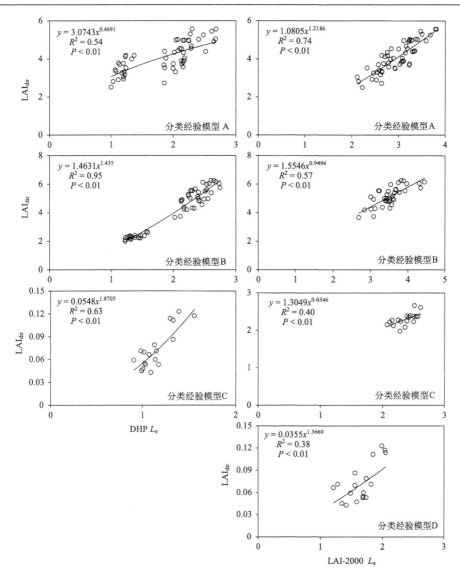

图 5-16 兴安落叶松人工林直接法测定的 LAI（LAI_dir）和间接法测定的有效 LAI（DHP L_e 和 LAI-2000 L_e）间的分类经验模型

Fig. 5-16 The classified models relating the direct LAI（LAI_dir）and effective LAI from both DHP and LAI-2000（DHP L_e and LAI-2000 L_e）measurements in the Dahurian larch plantation

DHP 方法：分类经验模型 A 适用于 5 月、6 月和 9 月初；分类经验模型 B 适用于 7 月、8 月和 10 月初；分类经验模型 C 适用于 10 月中旬。LAI-2000 方法：分类经验模型 A 适用于 5 月、6 月和 9 月初；分类经验模型 B 适用于 7 月和 8 月；分类经验模型 C 适用于 10 月初；分类经验模型 D 适用于 10 月中旬

For DHP: Classified model A is available in early May, June and September; Classified model B is available in early July, August and October; Classified model C is available in mid-October. For LAI-2000: Classified model A is available in early May, June and September; Classified model B is available in early July and August; Classified model C is available in early October; Classified model D is available in mid-October

兴安落叶松人工林内，5~10 月初，DHP 测定的 L_e 均出现低估 LAI_{dir} 的现象，其低估范围为 40%~65%，且 5 月中旬低估程度最大（表 5-2）；在 10 月中旬，DHP L_e 比 LAI_{dir} 高估 16%，可能主要源于过高估计了木质部对 LAI 的贡献率。相对而言，在 5~9 月，LAI-2000 测定 L_e 均出现低估 LAI_{dir} 的现象，低估范围为 25%~32%，且在 7 月初低估程度最大；在 10 月初和 10 月中旬，LAI-2000 L_e 分别比 LAI_{dir} 高估 3% 和 23%。然而，兴安落叶松人工林内，基于分类经验模型，DHP 和 LAI-2000 两种间接法测定的 LAI 与 LAI_{dir} 的最大差异分别为 4% 和 3%。这些结果表明，基于分类经验模型，利用 DHP 和 LAI-2000 测定兴安落叶松人工林 LAI 的季节变化，其精度分别高于 96% 和 97%。

表 5-2　兴安落叶松人工林不同时期直接法测定的 LAI 与间接法测定的有效 LAI（L_e）及基于分类经验模型测定的 LAI（LAI_{Cla}）间的差异分析

Table 5-2　The differences between the direct LAI and the effective LAI（L_e）from DHP and LAI-2000 measurements，the estimated LAI obtained through classified models（LAI_{Cla}）during each period in the Dahurian larch plantation

| 日期 | 兴安落叶松人工林　Dahurian larch plantation | | | |
| | DHP | | LAI-2000 | |
Month-day	L_e	LAI_{Cla}	L_e	LAI_{Cla}
5-15	65	2	25	1
6-1	49	−1	29	1
7-1	54	1	32	1
8-1	53	−1	30	−2
9-1	50	−4	25	−3
10-1	40	−2	−3	−1
10-15	−16	−2	−23	−3

注：差异（%）=（直接法测定值−有效值或分类经验模型测定值）/ 直接法测定值×100

Note: Difference（%）=（Direct LAI−effective LAI or estimated LAI through classified models ）/ Direct LAI×100

5.3　讨　　论

5.3.1　经验模型测定叶面积指数的实用性

针阔混交林内，直接法测定的 LAI 和两种间接法（DHP 和 LAI-2000）的测定值在 5~11 月均显著相关（$P<0.01$）。在不同的森林生态系统内许多学者也得到类似的研究结果，例如，Chason 等（1991）在落叶阔叶混交林内，Maass 等（1995）在热带阔叶林内，Kalácska 等（2005）在热带干旱区森林，以及 Mason 等（2012）

在新西兰人工松树林等。然而，关于直接法和间接法测定的 LAI 间的相关关系是否随季节变化而存在差异的相关报道尚少。本研究通过对比研究发现，不同森林类型内直接法和间接法测定的 LAI 间的经验模型随季节变化均存在明显差异，表明只利用某个时期的经验模型很难完整、准确地测定不同季节的 LAI。虽然季节性经验模型能够准确地测定不同森林类型 LAI 的季节变化，但模型数量过多，操作复杂。基于两种间接法，整体经验模型能够准确地测定多数季节的 LAI，但并不能适用于各个时期。相对而言，分类经验模型不仅能准确地测定 LAI 的季节变化，还降低了工作量。不同森林类型内分类经验模型的构建，不仅基于数据本身而且符合生理生态学原理。

5.3.2　比较不同森林类型直接法和间接法测定的叶面积指数间的经验模型

在阔叶红松林和谷地云冷杉林中，直接法和两种间接法测定的 LAI 间的分类经验模型均可分为相似的 3 类，主要源于：①5 月当年新生叶还未展出，11 月多数落叶树种的叶片已凋落完毕，使得两个时期林冠中基本是常绿针叶树种，从而具有相似的林冠特性，因此这两个时期可合并；②在 7 月和 8 月，林冠中的 LAI 趋于稳定状态，直接法和间接法测定的 LAI 也较稳定，其相关关系也较稳定，因此这两个时期可合并；③其他的时期可合并主要源于这些时期的 LAI 均处于渐变状态，木质部和集聚效应对 LAI 产生的偏差也处于此消彼长的状态，如 6 月或 7 月，林冠中叶片数量逐渐增加，部分木质部被叶片遮蔽而减小其对 LAI 的贡献，而随着叶片的增多其产生的集聚效应增大（Dufrêne and Bréda，1995；Barclay et al.，2000）；在 9 月和 10 月，随着叶片凋落量的增大，被遮蔽的木质部重新暴露而增大了木质部对 LAI 的贡献率，随林冠中叶片数量的减少，其产生的集聚效应减小，因此，在这些时期因木质部和集聚效应的相互作用，使得直接法和间接法测定的 LAI 间的相关关系可以合并。相对而言，在红松人工林内，直接法和两种间接法测定的 LAI 间的分类经验模型均分为 2 类，7 月和 8 月合并为一类，主要源于林冠中的 LAI 处于稳定状态；其他时期合并为一类，可能主要源于该森林类型内树种较单一，LAI 随季节变化波动较小，因此合并为一类。

以往众多研究表明，在阔叶混交林内直接法测定的 LAI 和间接法测定值显著相关（Dufrêne and Bréda，1995；Cutini et al.，1998）。总体来讲，阔叶混交林内，直接法测定的 LAI 和 DHP 测定的 LAI 显著相关（$P<0.01$），R^2 值为 0.82。然而，整体经验模型并不适用于每个时期 LAI 的测定，尤其是展叶初期和凋落末期，因此，阔叶混交林内的整体经验模型同样不能完整、准确地测定 LAI 的季节变化。相对于季节性经验模型和整体经验模型，分类经验模型更具有实用性。本研究中分类经验模型共分为 4 类，分类经验模型 A 适用于展叶初期和凋落末期，其原因类似于针阔混交林；分类经验模型 B 适用于 5 月 28 日和 10 月 1 日，主要源于这

两个时期的 LAI 均出现剧烈波动，如相对于 5 月 21 日，5 月 28 日的 LAI 增加了 50%；而从 9 月 21 日至 10 月 1 日，LAI 下降了 54%，致使这两个时期 DHP 测定的 LAI 出现相似的低估程度，分别比直接法测定值低估 28%和 19%。分类经验模型 C 适用于 6 月 12 日、6 月 22 日、9 月 1 日、9 月 11 日和 9 月 21 日，主要源于这些时期内 LAI 处于渐变期，具有相似的林冠结构及相似的直接法测定值，平均 LAI 为 4.51，标准差为 0.70。分类经验模型 D 适用于 7 月 5 日、7 月 15 日和 10 月 11 日，前两个时期的 LAI 处于稳定时期，其直接法测定值分别为 5.91 和 6.06，但 10 月 11 日与前两个时期能够合并可能主要基于数据本身。本研究主要是揭示直接法和间接法测定的 LAI 间的相关关系随季节变化存在明显差异，其他学者也得到类似结论（Qi et al.，2013；Tillack et al.，2014）。间接法测定的 LAI 存在低估（van Gardingen et al.，1999；Olivas et al.，2013）或高估（Deblonde et al.，1994；Whitford et al.，1995）直接法测定值的现象得到广泛报道，尤其是在阔叶混交林内，光学仪器法测定的 LAI 通常小于直接法测定值（Cutini et al.，1998；Chianucci and Cutini，2013），然而这种低估程度是否存在季节性差异鲜有报道。本研究结果表明，DHP 测定的 LAI 与直接法测定值的差异存在明显的季节变化。例如，5 月 21 日至 10 月 1 日，DHP 测定的 LAI 均出现低估直接法测定值的现象，且低估程度随 LAI 的增大而增大，这除了木质部和集聚效应的作用外，自动曝光引起的偏差随林冠中叶片数量增多，林内光线的变暗而增大。相对而言，DHP 测定的 LAI 在展叶初期和凋落末期出现高估 LAI 的现象，主要源于该时期木质部对 LAI 的影响占主导地位。虽然，在每个调查时期，木质部、集聚效应和自动曝光对 DHP 测定 LAI 时产生的总偏差在很大程度上解释了直接法测定的 LAI 和 DHP 测定值间的差异，但总体来讲，仍有 28%的差异是由其他不确定因素引起的，因此，如何有效、完整地量化 DHP 测定阔叶混交林 LAI 季节变化过程中不同误差源的贡献率，需进一步研究。

兴安落叶松人工林内，直接法和不同间接法测定的 LAI 间的分类经验模型的种类略有差异，如对于 DHP 方法，分类经验模型分为 3 类，而对于 LAI-2000，分为 4 类，可能主要源于两种间接法测定 LAI 方法间的差异，例如，DHP 测定 LAI 受曝光效应的影响，而 LAI-2000 不受曝光设置的限制。对于两种间接法，分类经验模型 A 均适用于 5 月+6 月+9 月，主要源于 5 月和 6 月，各落叶树种的叶片处于生长期，而 9 月叶片刚出现凋落现象，这 3 个时期的 LAI 均处于渐变期，使得间接法测定的有效 LAI 与直接法测定值间的关系相似。而 7 月和 8 月归为一类，主要源于该时期叶片生长达到稳定状态，不同方法测定值间的相关性也处于稳定状态。不同于 DHP，10 月初和 10 月中旬，直接法和 LAI-2000 测定的 LAI 间的经验模型分别归为一类，可能主要源于数据本身。

5.4 本章小结

本研究通过构建阔叶红松林、谷地云冷杉林和红松人工林 3 种不同针阔混交林内直接法和间接法（DHP 和 LAI-2000）测定的 LAI 间的经验模型，揭示了不同森林类型内经验模型随季节变化存在显著差异，但直接法和间接法测定值在不同季节均显著相关。经过统计检验，不同森林类型内的季节性经验模型分别能合并为不同类型的分类经验模型。总体来讲，基于 DHP 和 LAI-2000 两种间接法，通过分类经验模型均能完整、准确地测定不同针阔混交林 LAI 的季节变化，其精度分别能达到 87%和 92%。

本研究构建了阔叶混交林内直接法和间接法（DHP）测定的 LAI 间的季节性经验模型、整体经验模型及分类经验模型。结果表明，4 类分类经验模型能够完整、准确地测定阔叶混交林 LAI 的季节动态，同时直接法和间接法测定 LAI 值的相关性随季节变化也存在明显差异。同时，量化了木质部、集聚效应和自动曝光 3 种因子对 DHP 测定 LAI 贡献率的季节性变化，结果表明，3 种因子对 LAI 的贡献均存在明显的季节性差异。总体来讲，5~10 月，以上 3 种因素产生的总偏差能解释 DHP 测定的 LAI 与直接法测定值间总差异的 72%，该结果表明，为进一步提高 DHP 测定阔叶混交林 LAI 季节变化的准确性，如何有效量化不同季节、不同因子对 LAI 产生的偏差需进一步研究。

本研究同时构建了落叶针叶林-兴安落叶松人工林内直接法和 DHP、LAI-2000 两种间接法测定的 LAI 间的季节性经验模型、整体经验模型和分类经验模型。结果表明，3 种经验模型中，直接法和间接法测定的 LAI 间均显著相关。对于 DHP，3 类分类经验模型能够快速地测定该森林类型 LAI 的季节变化，其精度高于 96%；而对于 LAI-2000，其分类经验模型分为 4 类，通过该模型测定兴安落叶松人工林 LAI 季节变化的精度高于 97%。

6 间接法测定叶面积指数的误差分析

目前，影响光学仪器法测定 LAI 精度的误差源（即自身局限性）通常包括：①木质部，光学仪器在计算LAI时将木质部看作叶片而存在高估现象（Chen，1996；Jonckheere et al.，2004；Leblanc and Fournier，2014）；②集聚效应，假设林冠内的叶片随机分布，然而多数林冠内的叶片存在一定的集聚效应，尤其针叶林，不仅存在冠层水平上的集聚效应，还存在簇内集聚，光学仪器计算 LAI 时因忽略这种集聚效应而存在低估现象（Chen et al.，1997；Richardson et al.，2011）；③相对于 LAI-2000，自动曝光设置是造成 DHP 低估 LAI 的另一重要误差源（Zhang et al.，2005）。此外，计算 LAI 时选择不同天顶角其结果也存在一定差异（Liu et al.，2015b）。然而，如何量化影响 DHP 和 LAI-2000 测定不同森林 LAI 精度的误差源产生的偏差，以及该偏差是否存在季节性差异的研究尚未报道。因此，本研究以阔叶红松林、白桦次生林、谷地云冷杉林和红松人工林为对象，对其叶面积最大时期 DHP 和 LAI-2000 测定 LAI 产生的偏差进行分析；以阔叶混交林为研究对象，对 DHP 测定 LAI 的季节变化产生的偏差进行分析；以红松人工林和兴安落叶松人工林两种不同类型的针叶林为对象，着重对 DHP 和 LAI-2000 测定 LAI 的季节变化产生的偏差进行分析。

6.1 研 究 方 法

6.1.1 数据采集

直接法测定 LAI 的具体步骤同 4.1.1，DHP 和 LAI-2000 两种间接法测定 LAI 的具体步骤同 3.1.2.1 和 3.1.2.2。阔叶红松林和红松人工林的叶面积最大时期均为 8 月初，谷地云冷杉林和白桦次生林的叶面积最大时期均为 7 月初。阔叶混交林直接法和间接法测定 LAI 季节变化的时期同 4.1.1。红松人工林和兴安落叶松人工林内，直接法和间接法测定 LAI 的时期为 2013 年 5 月 15 日、6 月 1 日、7 月 1 日、8 月 1 日、9 月 1 日、10 月 1 日及 10 月 15 日。

6.1.2 针阔混交林间接法测定叶面积指数的偏差分析

对于针阔混交林，LAI-2000 测定 LAI 的偏差主要由 α、Ω_E 及 γ_E 引起，因此，得到 LAI=$f_{LAI-2000}$(α、Ω_E、γ_E)。根据式 6-1 得到 LAI-2000 测定 LAI 的总偏差（ΔLAI）

（Topping，1972）：

$$\Delta LAI = \frac{\partial LAI}{\partial \alpha} \times \Delta \alpha + \frac{\partial LAI}{\partial \Omega_E} \times \Delta \Omega_E + \frac{\partial LAI}{\partial \gamma_E} \times \Delta \gamma_E \qquad (6\text{-}1)$$

式中，$\Delta \alpha = 0 - \overline{\alpha}$；$\Delta \Omega_E = 1 - \overline{\Omega_E}$；$\Delta \gamma_E = 1 - \overline{\gamma_E}$。各参数的均值分别是指各样点的平均值。

相对于 LAI-2000，DHP 测定 LAI 的精度除受式 6-1 中 3 个校正参数的影响外，还受采集数据时的自动曝光设置（其校正系数为 E）的影响。因此，DHP 测定 LAI 的偏差主要由 α、Ω_E、γ_E 及 E 引起，故得到 LAI=f_{DHP}（α、Ω_E、γ_E、E）。根据式 6-2 得到 DHP 测定 LAI 的总偏差（ΔLAI）（Topping，1972）：

$$\Delta LAI = \frac{\partial LAI}{\partial \alpha} \times \Delta \alpha + \frac{\partial LAI}{\partial \Omega_E} \times \Delta \Omega_E + \frac{\partial LAI}{\partial \gamma_E} \times \Delta \gamma_E + \frac{\partial LAI}{\partial E} \times \Delta E \qquad (6\text{-}2)$$

式中，$\Delta \alpha$、$\Delta \Omega_E$、$\Delta \gamma_E$ 的计算方法同于式 6-1，$\Delta E = 1 - \overline{E}$，$\overline{E}$ 为不同时期各样点的均值，其值根据 Zhang 等（2005）建立的自动曝光状态下 DHP 测定的 L_e 与 LAI-2000 测定的 L_e 之间的相关关系（$y = 0.5611x + 0.3586$，$R^2 = 0.77$，x 为 LAI-2000 测定的 L_e，y 为自动曝光状态下 DHP 测定的 L_e）获得。兴安落叶松为落叶针叶，因此，兴安落叶松人工林内，DHP 和 LAI-2000 测定 LAI 产生的总偏差分别根据式 6-1 和式 6-2 计算。此外，本研究采用背景值法和 Photoshop 软件处理法（PS 法）两种方法测定了兴安落叶松人工林和阔叶混交林 α 值的季节变化，方法不同，各校正参数对光学仪器法测定 LAI 产生的偏差存在差异。本研究中将不同参数产生的总偏差（ΔLAI）能解释直接法和间接法（DHP 或 LAI-2000）测定的 LAI 间差异的比率简称为解释率（explanation ratio，ER），根据下式计算：

$$ER(\%) = \left(1 - \left| \frac{Dif. - \Delta LAI}{Dif.} \right| \right) \times 100 \qquad (6\text{-}3)$$

式中，Dif. 为直接法测定的 LAI–间接法测定的 LAI；ΔLAI 同式 6-1 和式 6-2。

6.1.3 阔叶混交林间接法测定叶面积指数的偏差分析

对于阔叶混交林，DHP 测定 LAI 的偏差主要由 α、Ω_E 和 E 引起，因此，得到 LAI=f_{DHP}(α、Ω_E、E)。根据式 6-4 得到 DHP 测定 LAI 的总偏差（ΔLAI）（Topping，1972）：

$$\Delta LAI = \frac{\partial LAI}{\partial \alpha} \times \Delta \alpha + \frac{\partial LAI}{\partial \Omega_E} \times \Delta \Omega_E + \frac{\partial LAI}{\partial E} \times \Delta E \qquad (6\text{-}4)$$

式中，各参数的计算方法已在式 6-1 和式 6-2 中定义。

6.2 结果与分析

6.2.1 针阔混交林叶面积最大时期间接法测定叶面积指数的偏差分析

总体来看，木质比例（α）对间接法测定 LAI 的贡献与其他校正参数（如 Ω_E、γ_E 和 E）相反（表 6-1，表 6-2）。对于 DHP，木质部对 LAI 的贡献在谷地云冷杉林中最大，产生的偏差为 0.52；在阔叶红松林、谷地云冷杉林、白桦次生林和红松人工林内，自动曝光产生的绝对偏差远大于其他校正参数，值分别为 2.67、1.55、1.30 和 2.37。在阔叶红松林和红松人工林内，γ_E 产生的绝对偏差大于 Ω_E，但在谷地云冷林和白桦次生林中得到相反结论，主要源于红松在前两个森林类型中均占很大比例，其 γ_E 大于其他常绿针叶树种。阔叶红松林、谷地云冷杉林、白桦次生林和红松人工林内，不同校正参数对 DHP 测定 LAI 产生的总偏差分别为 -5.35、-2.68、-1.63 和 -4.69，这些因素产生的总偏差基本能解释 DHP L_e 与 LAI$_{dir}$ 之间的差异。对于 LAI-2000，在阔叶红松林和红松人工林内，γ_E 产生的绝对偏差显著大于其他校正参数，这与其物种组成相关。谷地云冷杉林、白桦次生林中，Ω_E 和 γ_E 产生的偏差相似，值分别为 -0.79 和 -0.78、-0.23 和 -0.23。阔叶红松林、谷地云冷杉林和白桦次生林中，3 个校正参数产生的总偏差为 -3.00、-1.07 和 -0.31，这些总偏差分别能解释各森林类型中 LAI-2000 L_e 与 LAI$_{dir}$ 之间差异的 85%、94% 和 67%。

表 6-1 叶面积最大时期不同森林类型木质比例（α）、集聚指数（Ω_E）、针簇比（γ_E）及自动曝光校正系数（E）对 DHP L_e 的偏差分析

Table 6-1 The biases caused by woody-to-total area ratio（α），clumping index（Ω_E），needle-to-shoot area ratio（γ_E）and correction parameter for automatic exposure（E）for DHP L_e during the annual maximum leaf area period in four different forest stands

森林类型 Forest stands	DHP L_e- LAI$_{dir}$	木质比例 偏差 Bias due to α	集聚指数偏差 Bias due to Ω_E	针簇比偏差 Bias due to γ_E	自动曝光校正系数 Bias due to E	总偏差 Total bias
阔叶红松林 Mixed broadleaved- Korean pine forest	-5.57	0.26	-0.54	-2.4	-2.67	-5.35
谷地云冷杉林 Spruce-fir valley forest	-2.18	0.52	-0.83	-0.82	-1.55	-2.68
白桦次生林 Secondary birch forest	-1.49	0.15	-0.24	-0.24	-1.30	-1.63
红松人工林 Korean pine plantation	-5.25	0.20	-0.33	-2.19	-2.37	-4.69

表6-2 叶面积最大时期不同森林类型木质比例（α）、集聚指数（Ω_E）及针簇比（γ_E）对LAI-2000 L_e 的偏差分析

Table 6-2 The biases caused by woody-to-total area ratio（α）, clumping index（Ω_E）and needle-to-shoot area ratio（γ_E）for LAI-2000 L_e during the annual maximum leaf area period in four different forest stands

森林类型 Forest stands	LAI-2000 L_e -LAI$_{dir}$	木质比例偏差 Bias due to α	集聚指数偏差 Bias due to Ω_E	针簇比偏差 Bias due to γ_E	总偏差 Total bias
阔叶红松林 Mixed broadleaved- Korean pine forest	−3.54	0.26	−0.54	−2.72	−3.00
谷地云冷杉林 Spruce-fir valley forest	−1.14	0.50	−0.79	−0.78	−1.07
白桦次生林 Secondary birch forest	−0.46	0.15	−0.23	−0.23	−0.31
红松人工林 Korean pine plantation	−2.43	0.26	−0.44	−2.90	−3.08

6.2.2 阔叶混交林间接法测定叶面积指数季节变化的偏差分析

总体来看，在5月12日和10月11日，DHP L_e 分别比LAI$_{dir}$ 大0.3、0.5，主要源于该时期木质部对LAI的贡献（图6-1）。相对而言，5月21日至10月1日，DHP L_e 比LAI$_{dir}$ 的范围小，为0.4~3.4。木质部对DHP测定LAI的偏差与其他因素相反（如集聚效应和自动曝光），背景值法和PS法下的计算结果存在明显差异，总体来看，背景值法计算的木质部对DHP测定LAI的偏差均大于PS法，其偏差的季节性波动范围分别为0.76~1.22和0.21~0.61。在背景值法和PS法下，集聚指数对DHP测定LAI的偏差不存在明显的季节性变异，其偏差的变化范围分别为−0.42~−0.01和−0.56~−0.03。在背景值法和PS法下，自动曝光对DHP测定LAI的偏差均具有明显的季节变化，其值的变化范围分别为−1.5~−0.1和−1.9~−0.1。

在背景值法下，每个调查时期木质部、集聚效应和自动曝光对DHP测定LAI的总偏差均难以解释DHP L_e 和LAI$_{dir}$ 间的差异，主要源于利用该方法计算每个时期的木质比例时过高地估计了木质部对于LAI的贡献率。相对而言，在PS法下，整个调查期内，木质部、集聚效应和自动曝光对DHP测定LAI产生的总偏差能解释LAI$_{dir}$ 与DHP L_e 平均差异的72%。然而，在7月，LAI$_{dir}$ 与DHP L_e 差异的36%不能被以上3种因素产生的总偏差解释，可能主要还是因为本研究对自动曝光产生的偏差估计不足。这些研究结果表明，在阔叶混交林内，通过目前方法得

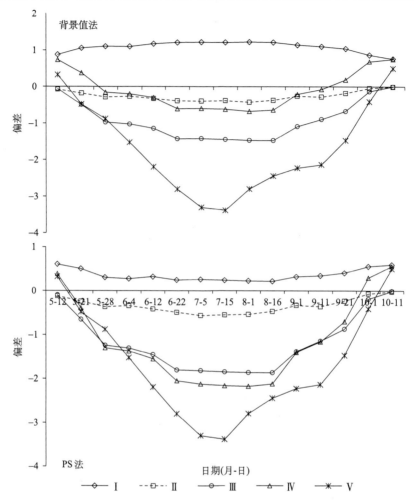

图 6-1　不同季节阔叶混交林内木质部、集聚效应及自动曝光对 DHP 测定 LAI 产生的偏差及有效值和直接法测定值间的差异

Fig. 6-1　The seasonal variations of the bias due to woody materials，clumping effects and automatic exposure，and the difference between DHP LAI and direct LAI in mixed broadleaf forests

根据式 6-3 计算每个时期 DHP 测定 LAI 时木质部、集聚效应和自动曝光产生的偏差。背景值法. 木质部采用背景值法计算，即忽略木质部对 LAI 贡献率的季节性差异；PS 法. 木质部采用 PS 方法计算，即考虑木质部对计算 LAI 贡献率的季节性差异。Ⅰ. 木质部产生的偏差；Ⅱ. 集聚效应产生的偏差；Ⅲ. 自动曝光设置产生的偏差；Ⅳ. 总偏差；Ⅴ. DHP 测定的 LAI-直接法测定的 LAI

The bias of DHP LAI caused by woody materials，clumping effects and automatic exposure was calculated by Eq.（6-3）in each period. Background method. The contribution of the woody materials to LAI was calculated by background method，i.e.，the seasonal changes of this contribution were ignored；PS method. The contribution of the woody materials to LAI was calculated by PS method，i.e.，the seasonal changes of this contribution were considered. Ⅰ. The bias due to woody materials；Ⅱ. The bias due to clumping effects；Ⅲ. The bias due to automatic exposure；Ⅳ. The total bias due to woody materials，clumping effects and automatic exposure；Ⅴ. The difference between DHP L_e and LAI_{dir}，which equals DHP L_e-LAI_{dir}

到的各参数校正不同季节的 DHP L_e 后仍很难获得高精度的 LAI 值，因此，如何利用 DHP 获得阔叶混交林不同季节高精度的 LAI 值在以后研究中应给予更多的关注。

6.2.3 不同针叶林间接法测定叶面积指数季节变化的偏差分析

6.2.3.1 叶面积指数的季节变化

红松人工林内，光学仪器法（DHP 和 LAI-2000）测定的 LAI 在不同季节均低于直接法测定值，其中 DHP 测定的 LAI 比直接法测定值低估 55%~68%，LAI-2000 的低估范围为 19%~35%（图 6-2）。兴安落叶松人工林内，DHP 测定的 LAI 在 5~10 月初比直接法测定值的低估范围为 43%~54%，但在 10 月中旬其测定值明显高于直接法测定值；LAI-2000 测定的 LAI 在 5~9 月比直接法测定值低估 24%~28%，但在 10 月后明显高于直接法测定值（图 6-2）；这主要源于在叶凋落末期光学仪器法测定 LAI 时误把林冠中的树干等木质部当作叶片而高估 LAI。

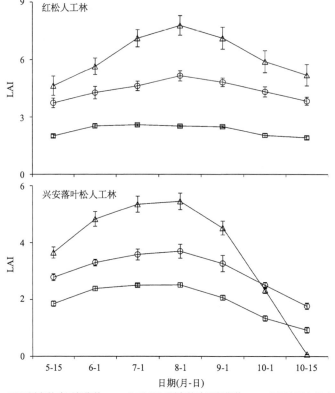

图 6-2　不同方法测定红松人工林和兴安落叶松人工林 LAI 的季节变化（平均值±标准差）

Fig. 6-2　The seasonal changes of LAI from different methods（mean±SD）in Korean pine plantation and Dahurian larch plantation

6.2.3.2 木质比例（α）、集聚指数（Ω_E）及针簇比（γ_E）的季节变化

5~10 月初，红松人工林和基于 PS 法（A）测定的兴安落叶松人工林的 α 值没有明显差异，其值均小于 0.15（图 6-3），但在 10 月中旬兴安落叶松人工林内的 α 值明显高于红松人工林，值为 0.90，主要源于该时期兴安落叶松人工林内叶凋落已几乎结束（图 6-2）。基于背景值法（B）测定的 α 值在 5~10 月初均高于 A 方法测定值，整个调查周期内其值变化范围为 0.28~0.75（图 6-3）。红松人工林和兴安落叶松人工林内，Ω_E 值随季节变化波动范围较小，分别为 0.91~0.94 和 0.90~0.95（图 6-3）。红松人工林内 γ_E 值随季节变化波动较平缓（图 6-3），范围为 1.38~1.57；相对而言，兴安落叶松人工林内 γ_E 值随季节变化波动较大，范围为 1.00~1.34，尤其 9 月后，γ_E 值急剧下降，主要源于该时期兴安落叶松进入落叶高峰期，减小了计算林分水平的 γ_E 值的权重。

6.2.3.3 偏差分析

对于 DHP 和 LAI-2000，木质比例（α）起到高估 LAI 的作用，而其他参数（集聚指数，Ω_E；针簇比，γ_E；或自动曝光设置，E）则相反（表 6-3，表 6-4）。红松人工林内，α 值对 DHP 产生的偏差随季节的变化波动较平缓，变化范围为 0.21~0.59（表 6-3），表明 DHP 在测定 LAI 时因无法有效辨别木质部而高估 LAI，最大值为 0.59；相对而言，α 值对 LAI-2000 产生的偏差在不同时期差异较明显，波动范围为 0.26~0.72。对于 DHP，在不同时期，E、γ_E 和 Ω_E 的变化范围分别为 -2.28~-1.29、-2.21~-1.13 和 -0.55~-0.26，表明 DHP 在测定 LAI 时因自动曝光设置、忽略簇内集聚效应和冠层水平上的集聚效应而低估 LAI 的最大值分别为 2.28、2.21 和 0.55，同时表明自动曝光设置和忽略簇内集聚效应均是造成 DHP 低估 LAI 的重要原因。对于 LAI-2000，在不同时期，γ_E 产生的偏差大于 Ω_E，变化范围分别为 -2.89~-1.41 和 -0.71~-0.34，表明簇内集聚效应是造成 LAI-2000 低估 LAI 的最重要因素。

兴安落叶松人工林内，5~10 月初，B 方法得到的 α 值对 DHP 产生的偏差明显大于 A 方法，变化范围分别为 1.26~2.31 和 0.33~0.51；但在 10 月中旬，A 方法得到的 α 值对 DHP 产生的偏差较大；LAI-2000 也得到与 DHP 相似的结论（表 6-4）。对于 DHP，5~10 月初，A 方法下 Ω_E 值产生的绝对偏差大于 B 方法，其变化范围分别为 -0.51~-0.18 和 -0.40~-0.09；A 方法下 γ_E 值产生的绝对偏差大于 B 方法，其变化范围分别为 -1.05~-0.10 和 -0.82~-0.05；A 方法下 E 值产生的绝对偏差大于 B 方法，其变化范围分别为 -1.61~-0.57 和 -1.25~-0.29；总体而言，A 方法中自动曝光设置是 DHP 测定 LAI 最大的误差源，但 B 方法中木质部是最

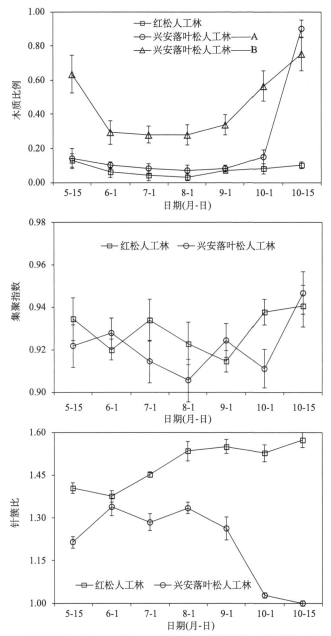

图 6-3　红松人工林和兴安落叶松人工林内木质比例、集聚指数和针簇比的季节变化（平均值
±标准差）

Fig. 6-3　The seasonal changes of woody-to-total area ratio，clumping index and needle-to-shoot
area ratio in Korean pine plantation and Dahurian larch plantation（Mean±SD）

A. PS 法，基于 Photoshop 软件；B. 背景值法

A. PS method，based on Photoshop software；B. Background method

表 6-3　红松人工林内不同参数对光学仪器法（DHP 和 LAI-2000）测定不同时期 LAI 时产生的偏差

Table 6-3　The bias due to different parameters for LAI derived from optical methods（DHP and LAI-2000）during different periods in Korean pine plantation

日期 Month-day	木质比例偏差 Bias due to α	集聚指数偏差 Bias due to Ω_E	针簇比偏差 Bias due to γ_E	自动曝光偏差 Bias due to E
5-15	0.59^a	-0.28	-1.13	-1.29
	0.72^b	-0.34	-1.41	—
6-1	0.35^a	-0.48	-1.52	-1.99
	0.38^b	-0.52	-1.64	—
7-1	0.24^a	-0.41	-1.80	-1.89
	0.29^b	-0.49	-2.06	—
8-1	0.21^a	-0.53	-2.21	-2.28
	0.26^b	-0.71	-2.89	—
9-1	0.44^a	-0.55	-2.08	-2.13
	0.56^b	-0.71	-2.54	—
10-1	0.41^a	-0.32	-1.57	-1.61
	0.56^b	-0.42	-2.15	—
10-15	0.46^a	-0.26	-1.51	-1.55
	0.63^b	-0.36	-1.99	—

注：正值表示高估 LAI，负值表示低估 LAI；"—"表示 LAI-2000 测定的 LAI 不受自动曝光设置的影响

[a] 表示该行中各参数对 DHP 测定 LAI 时产生的偏差；[b] 表示该行中各参数对 LAI-2000 测定 LAI 时产生的偏差

Note: Positive values in the table mean overestimating LAI and negative values mean underestimating LAI；"—" means LAI from LAI-2000 was not affected by automatic exposure setting

[a] means the bias due to each parameter on a line for estimating LAI by DHP；[b] means the bias due to each parameter on a line for estimating LAI by LAI-2000

大的误差源。对于 LAI-2000，5~10 月初，A 方法下 Ω_E 值产生的绝对偏差大于 B 方法，其变化范围分别为 -0.51~-0.24 和 -0.38~-0.11；A、B 方法下 γ_E 值产生的偏差的变化范围分别为 -1.04~-0.14 和 -0.81~-0.07；总体而言，在多数时期内，A 方法中簇内集聚效应是 LAI-2000 测定 LAI 最大的误差源，但 B 方法中木质部是最大的误差源。

表 6-4 兴安落叶松人工林内不同参数对光学仪器法（DHP 和 LAI-2000）测定不同时期 LAI 时产生的偏差

Table 6-4 The bias due to different parameters for LAI derived from optical methods（DHP and LAI-2000）during different periods in Dahurian larch plantation

日期 Month-day	木质比例偏差 Bias due to α		集聚指数偏差 Bias due to Ω_E		针簇比偏差 Bias due to γ_E		自动曝光偏差 Bias due to E	
	A	B	A	B	A	B	A	B
5-15	0.51[a]	2.31	−0.27	−0.11	−0.55	−0.24	−1.03	−0.44
	0.51[b]	2.32	−0.27	−0.11	−0.56	−0.23	—	—
6-1	0.48[a]	1.42	−0.34	−0.27	−0.91	−0.71	−1.43	−1.13
	0.45[b]	1.32	−0.32	−0.25	−0.85	−0.66	—	—
7-1	0.41[a]	1.42	−0.44	−0.34	−0.92	−0.72	−1.53	−1.20
	0.39[b]	1.37	−0.42	−0.32	−0.88	−0.69	—	—
8-1	0.37[a]	1.47	−0.51	−0.40	−1.05	−0.82	−1.61	−1.25
	0.36[b]	1.45	−0.51	−0.38	−1.04	−0.81	—	—
9-1	0.35[a]	1.47	−0.33	−0.23	−0.93	−0.67	−1.31	−0.92
	0.37[b]	1.56	−0.35	−0.25	−0.98	−0.71	—	—
10-1	0.33[a]	1.26	−0.18	−0.09	−0.10	−0.05	−0.57	−0.29
	0.43[b]	1.64	−0.24	−0.12	−0.14	−0.07	—	—
10-15	1.13[a]	0.95	−0.01	−0.02	0	0	−0.03	−0.07
	1.68[b]	1.41	−0.01	−0.03	0	0	—	—

注：A. 基于 Photoshop 软件；B. 背景值法；正值表示高估 LAI，负值表示低估 LAI；"—"表示 LAI-2000 测定的 LAI 不受自动曝光设置的影响

[a] 表示该行中各参数对 DHP 测定 LAI 时产生的偏差；[b] 表示该行中各参数对 LAI-2000 测定 LAI 时产生的偏差

Note: A. Based on Photoshop software；B. Background method；Positive values in the table mean overestimating LAI and negative values mean underestimating LAI；"—" meant LAI from LAI-2000 was not affected by automatic exposure setting

[a] means the bias due to each parameter on a line for estimating LAI by DHP；[b] means the bias due to each parameter on a line for estimating LAI by LAI-2000

红松人工林内，4 个参数（α、Ω_E、γ_E、E）在不同时期产生的总偏差能解释 DHP 和直接法测定的 LAI 间差异的 77%~92%，平均解释率为 84%；然而，考虑这些因素产生的总偏差后，在大部分时期（6 月 1 日除外），仍存在低估 LAI 的现象（图 6-4），如 10 月 1 日低估程度最大，值为 0.89，表明除 α、Ω_E、γ_E 和 E 是影响 DHP 测定 LAI 的误差源外，仍有 0.89（最大）的差异来自于其他不确定因素。

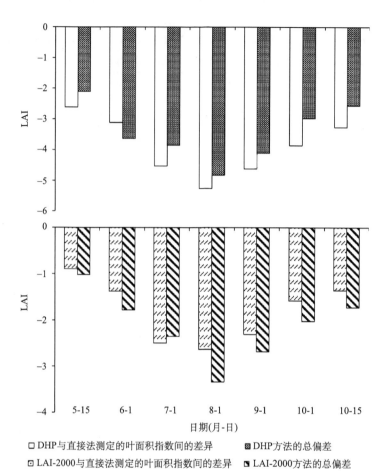

图 6-4　红松人工林内光学仪器法（DHP 和 LAI-2000）和直接法测定 LAI 间的差异及光学仪器
法产生的总偏差

Fig. 6-4　The difference of LAI derived from both optical methods（DHP and LAI-2000）and direct
method and the total bias of optical methods in Korean pine plantation

光学仪器法与直接法测定的 LAI 间的差异=DHP/LAI-2000 测定的 LAI–直接法测定的 LAI；DHP 的总偏差是指木
质比例、集聚指数、针簇比和自动曝光设置产生偏差的总和；LAI-2000 的总偏差是指木质比例、集聚指数和针簇
比产生偏差的总和

The difference between optical LAI and direct LAI=DHP/LAI-2000 LAI – direct LAI. Total bias of DHP equals the
summation of the bias due to woody-to-total area ratio，clumping index，needle-to-shoot area ratio and automatic exposure
setting. Total bias of LAI-2000 equals the summation of the bias due to woody-to-total area ratio，clumping index and
needle-to-shoot area ratio

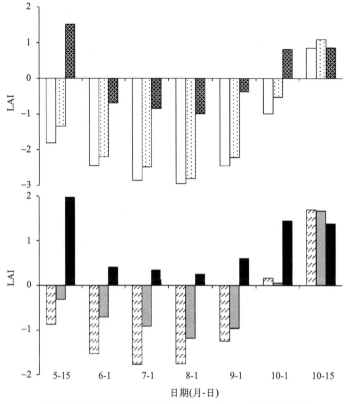

日期(月-日)

□ DHP与直接法测定的叶面积指数间的差异　　　▢ DHP A方法的总偏差

▩ DHP B方法的总偏差　　　　▫ LAI-2000与直接法测定的叶面积指数间的差异

▨ LAI-2000 A方法的总偏差　　　■ LAI-2000 B方法的总偏差

图 6-5　兴安落叶松人工林内光学仪器法（DHP 和 LAI-2000）和直接法测定 LAI 间的差异及光
学仪器法产生的总偏差

Fig. 6-5　The difference of LAI derived from both optical methods（DHP and LAI-2000）and direct
method and the total bias of optical methods in Korean pine plantation

光学仪器法与直接法测定的 LAI 间的差异=DHP/LAI-2000 测定的 LAI–直接法测定的 LAI；DHP A/B 方法的总偏
差是指 A/B 方法下木质比例、集聚指数、针簇比和自动曝光设置产生偏差的总和；LAI-2000 A/B 方法的总偏差是
指 A/B 方法下木质比例、集聚指数和针簇比产生偏差的总和；A 方法指基于 Photoshop 软件；B 方法指背景值法

The difference between optical LAI and direct LAI = DHP/LAI-2000 LAI – direct LAI.Total bias of DHP A or B method

equals the summation of the bias due to woody-to-total area ratio，clumping index，needle-to-shoot area ratio and

automatic exposure setting using A or B method.Total bias of LAI-2000 A or B method equals the summation of the bias

due to woody-to-total area ratio，clumping index and needle-to-shoot area ratio using A or B method. A method，based on

Photoshop software；B method，background method

相对而言，3 个参数（α、Ω_E 和 γ_E）在不同时期产生的总偏差对 LAI-2000 和直接法测定的 LAI 间差异的平均解释率为 79%（范围为 71%~94%）；然而，大部分时期（7 月 1 日除外），总偏差的绝对值大于 LAI-2000 和直接法测定的 LAI 间差异的绝对值，如 8 月 1 日相差最大，值为 0.70，表明考虑 α、Ω_E 和 γ_E 对 LAI-2000 的影响后，其测定的 LAI 最多比直接法测定值高估 0.70。

兴安落叶松人工林内，A 方法下不同参数在不同时期对 DHP 的平均解释率为 80%；然而，每个时期仍存在一定程度的低估现象，如 10 月 1 日低估程度最大，值为 0.46（图 6-5）。不同时期 LAI-2000 也得到类似结论，A 方法下不同参数对 LAI-2000 的平均解释率为 65%，考虑各参数的总偏差后，LAI-2000 在 7 月 1 日比直接法测定的 LAI 最大低估 0.86。相对而言，B 方法下不同参数产生的总偏差对 DHP 和 LAI-2000 的平均解释率均低于 5%，这表明背景值法不适用于校正光学仪器法测定不同季节 LAI 时因无法有效辨别木质部而产生的误差。

6.3　讨　　论

6.3.1　比较不同森林类型直接法和间接法测定叶面积指数的季节动态

近年来，结合叶生长季节的展叶调查和凋落物的收集来直接测定不同森林类型 LAI 季节变化的方法得到了广泛的应用。例如，Nasahara 等（2008）通过该方法测定了日本落叶阔叶林 LAI 的季节变化；Potithep 等（2013）基于该方法分析了日本落叶阔叶林不同季节 LAI 与植被指数（如 NDVI）的相关关系；Liu 等（2015d）基于该方法测定了帽儿山落叶阔叶林 LAI 的季节变化，并依此 LAI 校准了 DHP 的测定值；Liu 等（2015a）以小兴安岭地区 4 种针阔混交林（常绿针叶和落叶阔叶混交）为例，在该方法的基础上进一步探讨了一种直接测定针阔混交林 LAI 季节变化的方法。这些研究结果为相对准确地测定不同森林类型 LAI 的季节变化奠定了基础，尤其是可为校准不同光学仪器法测定的 LAI 提供参考标准。

本研究同样基于上述方法直接测定了小兴安岭地区红松人工林和兴安落叶松人工林 LAI 的季节变化，并对比分析了其与 DHP 和 LAI-2000 测定的 LAI 间的差异性。研究表明，在常绿针叶林（红松人工林）内，DHP 和 LAI-2000 在不同季节测定的 LAI 均低于直接法测定值，分别低估 55%~68% 和 19%~35%，且 DHP 测定值均低于 LAI-2000。其他学者也得到类似结论，例如，曾小平等（2008）报道以马尾松（*Pinus massoniana*）和杉木（*Cunninghamia lanceolata*）为主的常绿针叶林内 CI-110 植物冠层分析仪测定的 LAI 明显低于异速生长方程法测定值；刘志理和金光泽（2014）发现在小兴安岭地区的谷地云冷杉林中 DHP 和 LAI-2000 在不同季节（5~11 月）测定的 LAI 均低于直接法测定值，分别低估 40%~48% 和

15%~26%；苏宏新等（2012）发现在常绿针叶林内，DHP 在 7~10 月测定的 LAI 均明显低于凋落物法测定值，且在 5~10 月，DHP 测定值均低于 LAI-2000 测定值，然而 LAI-2000 测定值只是略低于凋落物法测定值，与本研究结果略有差异，可能源于：①LAI-2000 计算 LAI 时选取的天顶角不同；②林分的物种组成存在差异。

相对而言，在落叶针叶林（兴安落叶松人工林）内，DHP 和 LAI-2000 测定的 LAI 在整个生长季节的前期低于直接法测定值，但在叶凋落季节的后期出现相反趋势，主要源于凋落末期木质部对光学仪器法的干扰。Liu 等（2015e）在帽儿山落叶阔叶林中也发现 DHP 测定的 LAI 在展叶初期和凋落末期高于直接法测定值，而其他时期出现相反趋势。这些研究表明，在落叶林中，光学仪器法和直接法测定的 LAI 间的差异存在明显的季节性变异，然而探讨这种变异产生原因的研究在国内报道尚少。

6.3.2　比较影响间接法测定叶面积指数精度的误差源

目前，影响 DHP 测定针叶林 LAI 精度的误差源通常包括：木质部、冠层水平上的集聚效应、簇内水平上的集聚效应及自动曝光设置；相对而言，LAI-2000 的误差源通常包括前 3 项。以往研究中多采用背景值法来校正落叶林内不同季节木质部（通常用 α 校正）对光学仪器法测定 LAI 产生的误差（Dufrêne and Bréda，1995；Cutini et al.，1998）。然而，随着叶片的生长和数量的增多，部分木质部被新生叶片遮挡，而后随叶片的凋落木质部重新暴露，若假设木质部对 LAI 的贡献率不存在季节性差异会带来一定误差，尤其是在叶茂盛期，背景值法会过高估计木质部对 LAI 的贡献率也得到广泛报道（Dufrêne and Bréda，1995；Barclay et al.，2000；Zou et al.，2009）。此外，背景值法不适用于常绿林，因此，本研究对比分析了背景值法和基于 Photoshop 软件（A 方法）量化木质部产生的误差。基于 Photoshop 软件的方法不仅适用于落叶林，而且适用于常绿林；该方法能够相对有效地刻画木质部对 LAI 贡献率的季节性变化，本研究结果也表明在红松人工林和兴安落叶松人工林内该方法均优于背景值法。

冠层水平上的集聚效应通常用集聚指数（Ω_E）来校正，在两种针叶林内，其对 DHP 和 LAI-2000 产生的绝对偏差在大部分时期均小于其他误差源（表 6-1，表 6-2），表明冠层水平上的集聚效应对光学仪器法测定 LAI 的影响最小。相对而言，对于针叶林，忽略簇内水平上的集聚效应（通常用 γ_E 校正）给光学仪器法测定 LAI 能带来更大的误差。尤其对于 LAI-2000，在红松人工林内的每个时期，γ_E 对 LAI 的贡献率远远大于 α 和 Ω_E；在兴安落叶松人工林的大部分时期也得到相同的结论，但在叶凋落末期（如 10 月中旬），γ_E 产生的偏差为 0，主要源于该时期兴安落叶松凋落几乎结束，致使整个林分的 γ_E 接近于 1.0（γ_E=1.0 时，γ_E 产生的偏差即为 0）。这些研究结果表明，校正光学仪器法测定的 LAI 因忽略簇内集聚效应产生的误差时，不仅要考虑针叶树种 γ_E 的季节性变化，而且要考虑林分的物种组成。

相对于 LAI-2000，DHP 测定 LAI 的精度还受曝光设置的影响（Englund et al.，2000；Zhang et al.，2005）。本研究中，在红松人工林和兴安落叶松人工林内的每个时期，DHP 在自动曝光状态下测定的 LAI 均低于 LAI-2000 的测定值，可能主要源于不正确的曝光方式。其他学者也得到类似结论，例如，Zhang 等（2005）报道在中高密度的林分内，DHP 在自动曝光状态下测定的 LAI 比 LAI-2000 的测定值低估 16%~71%。本研究结果还表明，在红松人工林内的每个时期，自动曝光设置产生的绝对偏差高于其他误差源，同样在兴安落叶松人工林内的大部分时期运用 A 方法也得到相同的结论；只是在叶凋落末期（10 月中旬）自动曝光产生的绝对偏差小于木质部，主要源于该时期大部分树种的叶凋落已基本结束，暴露了大部分木质部，增大了其对 LAI 的贡献率，这些结果表明在不同类型的针叶林内自动曝光设置均是影响 DHP 测定不同时期 LAI 精度的最大误差源。

总体而言，在红松人工林和兴安落叶松人工林内，木质比例（A 方法）、集聚指数、针簇比和自动曝光设置产生的总偏差基本能解释各时期 DHP 测定的 LAI 与直接法测定值间的差异；而木质比例（A 方法）、集聚指数和针簇比产生的总偏差也基本能解释各时期 LAI-2000 测定的 LAI 与直接法测定值间的差异。这些结果表明本研究中计算各参数的方法可行、有效，可为将来快速、准确地测定相似森林类型 LAI 的季节变化提供技术支持及参考方案。

6.4　本　章　小　结

叶面积最大时期，木质比例（α）对间接法测定 LAI 的贡献与其他校正参数（如 Ω_E、γ_E 和 E）相反。对于 DHP，木质部对 LAI 的贡献在谷地云冷杉林中最大，产生的偏差为 0.52；在阔叶红松林、谷地云冷杉林、白桦次生林和红松人工林内，自动曝光产生的绝对偏差远大于其他校正参数。

阔叶混交林内，木质部对 DHP 测定 LAI 的偏差与其他因素相反（如集聚效应和自动曝光），背景值法和 PS 法的计算结果存在明显差异，总体来看，背景值法计算的木质部对 DHP 测定 LAI 的偏差均大于 PS 法。在背景值法下，每个调查时期木质部、集聚效应和自动曝光对 DHP 测定 LAI 的总偏差均难以解释 DHP L_e 和 $\mathrm{LAI_{dir}}$ 间的差异。相对而言，在 PS 法下，整个调查期内，木质部、集聚效应和自动曝光对 DHP 测定 LAI 产生的总偏差能解释 $\mathrm{LAI_{dir}}$ 与 DHP L_e 平均差异的 72%。

红松人工林内，α 值对 DHP 产生的偏差随季节的变化波动较平缓；相对而言，α 值对 LAI-2000 产生的偏差在不同时期差异较明显。对于 DHP，在不同时期，E、γ_E 和 Ω_E 的变化范围分别为 $-2.28\sim-1.29$，$-2.21\sim-1.13$ 和 $-0.55\sim-0.26$。对于

LAI-2000，在不同时期，γ_E 产生的偏差大于 Ω_E，变化范围分别为 $-2.89\sim-1.41$ 和 $-0.71\sim-0.34$，表明簇内集聚效应是造成 LAI-2000 低估 LAI 的最重要因素。

兴安落叶松人工林内，5~10 月初，B 方法得到的 α 值对 DHP 产生的偏差明显大于 A 方法，变化范围分别为 1.26~2.31 和 0.33~0.51；但在 10 月中旬，A 方法得到的 α 值对 DHP 产生的偏差较大；LAI-2000 也得到与 DHP 相似的结论。总体而言，A 方法中自动曝光设置是 DHP 测定 LAI 最大的误差源，但 B 方法中木质部是最大的误差源。对于 LAI-2000，在多数时期内，A 方法中簇内集聚效应是 LAI-2000 测定 LAI 最大的误差源，但 B 方法中木质部是最大的误差源。

7 叶面积指数的年际动态

单个树种及整个森林群落 LAI 的长期定位研究对于了解、掌握植被对全球气候变化的响应机制至关重要。丹利等（2007）对新疆地区 1982~2000 年的植被时空变化进行了定量分析，结果表明，新疆地区的 LAI 和净初级生产力的空间分布严格受水分的制约，与气温呈负相关，表现出干旱内陆地区植被受降水控制的地带特征；柳艺博等（2012）分析了 2000~2010 年我国森林 LAI 的时空分布特征及其与温度和降水之间的关系，结果表明，2000~2010 年我国东北、华北、中南部地区森林的 LAI 呈增加趋势，但在东南部和西南地区森林的 LAI 呈下降趋势，而且森林 LAI 的年平均值与年平均气温在东北地区正相关，在西南地区负相关，在华北和中南部地区 LAI 的年平均值与年降水量正相关；Barr 等（2004）以加拿大落叶森林为对象，研究了 1994~2003 年 LAI 与净生态系统生产力的相关关系；Sprintsin 等（2011）利用多种方法对比分析了 2001~2006 年地中海白松（*Pinus halepensis*）人工林 LAI 的动态变化，方法包括：破坏性取样法、异速生长方程法和凋落物法 3 种直接法，以及 DHP、LAI-2000、TRAC 3 种光学仪器法；von Arx 等（2013）以 1998~2011 年为周期，研究了 LAI 和土壤水分对幼苗更新的影响机制；Capdevielle-Vargas 等（2015）以 30 株成熟的山毛榉树木为研究对象，对其叶物候（展叶、叶变色和叶凋落）及 LAI 进行了为期 3 年的研究，结果表明，LAI 与叶物候密切相关，而树木个体的叶物候与其他相邻个体的叶物候变化模式并不吻合，这可能主要源于树木个体为适应气候变化而产生的生长策略。然而，关于不同树种的叶物候及不同森林类型 LAI 的年际变化的研究较少。

本研究以小兴安岭地区的阔叶红松林、谷地云冷杉林和白桦次生林为研究对象，对其在 2009~2013 年的 LAI 动态变化进行分析，并探讨了该区域主要树种叶物候及叶凋落量的年际动态，旨在为更透彻地了解植被对气候变化的响应机制提供参考。

7.1 研 究 方 法

7.1.1 主要树种展叶速率的年际动态

依据 4.1.1 中阐述的展叶调查方案，对阔叶红松林内的红松、冷杉、云杉、紫椴、色木槭、枫桦、裂叶榆和水曲柳 8 种主要树种进行展叶调查的年际动态研究。

调查时间为 2009~2013 年，每年 5~8 月，每月月初、月中进行调查。主要监测内容为展叶速率，即平均叶面积的变化速率。因此，主要树种调查时期 t 的展叶速率[$R_{LA}(t)$]可由式 7-1 计算：

$$R_{LA}(t)=LA(t)/LA_{max} \tag{7-1}$$

式中，LA（t）为 t 时期各树种的平均叶面积，LA_{max} 为各树种的最大平均叶面积。

7.1.2　主要树种凋落叶的年际动态

依据 3.1.1.3 阐述的凋落物收集方案，依托阔叶红松林，对红松、冷杉、云杉、紫椴、色木槭、枫桦、裂叶榆和水曲柳 8 种主要树种的年凋落叶的年际动态进行研究，年凋落叶为每年 1~12 月凋落叶的总干重。调查时间为 2009~2013 年。

7.1.3　不同森林类型叶面积指数的年际动态

依据 3.1 节阐述的叶面积最大时期 LAI 的测定方案，以阔叶红松林、谷地云冷杉林和白桦次生林为研究对象，对 3 种森林类型叶面积最大时期的 LAI 的年际动态进行研究，调查时间为 2009~2013 年。采用变异系数（coefficient of variation，CV）评价不同森林 LAI 的年际波动状况，即

$$CV = \sqrt{\sum_{i=1}^{n} (LAI_i - \overline{LAI})^2 / (n-1)} \Big/ \overline{LAI} \tag{7-2}$$

式中，LAI_i 为第 i 年的 LAI，$\overline{LAI}$ 为 2009~2013 年 LAI 的平均值。

7.2　结果与讨论

总体来看，阔叶红松林内不同树种的展叶速率均表现出一定的年际波动（图 7-1）。针叶树种中，红松的展叶速率年际间波动最大，2009 年和 2010 年，其 5 月中旬展叶速率分别为 0.24 和 0.32，6 月初展叶速率均高于 0.87，7 月初均高于 0.96；相对而言，在后 3 年中，红松的展叶较迟缓，5 月中旬，3 年的展叶速率均小于 0.1，截至 7 月初，展叶速率也均小于 0.61，直至 8 月初展叶速率均达到峰值。总体来看，冷杉的展叶速率年际波动较小，5 年中，5 月开始持续展叶，7 月初展叶速率均高于 0.93；只是在 2013 年，展叶速率在 7 月初达到峰值后，又出现下降趋势，可能主要源于虫害。云杉的展叶速率在 2009~2012 年的波动较小，5 月初开始持续展叶，截至 7 月初展叶速率均高于 0.94；而在 2013 年的 5 月中旬，其展叶速率明显高于其他年份，达到 0.62，可能源于气温高于其他年份，使其提前进入展叶高峰。总体来看，5 种阔叶树种在 2009 年的展叶情况与其他年份存在明显

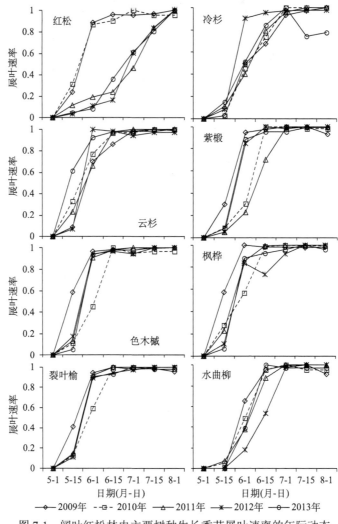

图 7-1　阔叶红松林内主要树种生长季节展叶速率的年际动态

Fig. 7-1　Interannual and seasonal changes of leaf out ratio for major tree species in the mixed broadleaved-Korean pine forest

差异，主要体现在 5 月中旬，紫椴、色木槭、枫桦和裂叶榆的展叶速率分别为 0.30、0.59、0.58 和 0.41；而其他年份展叶较迟缓。2010 年，色木槭、枫桦和裂叶榆的展叶速率在 6 月初均明显低于其他年份。相对于其他阔叶树种，水曲柳的展叶较迟缓，5 月中旬开始展叶，在 2012 年 6 月初的展叶速率为 0.18，明显低于其他年份，截至 7 月初不同年份的展叶速率均高于 0.97。虽然不同树种展叶速率的季节动态存在一定的年际变化，但各树种主要在 7 月达到展叶的峰值。总体来看，不同树种的年凋落叶量表现出不同的年际波动模式（图 7-2）。针叶树种中，红松

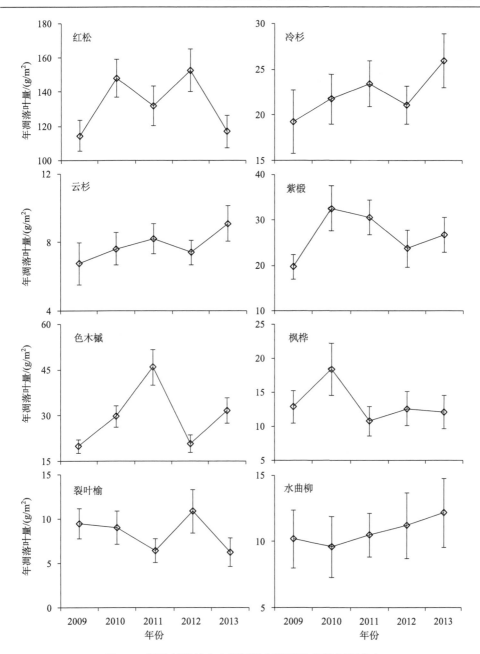

图 7-2 阔叶红松林内主要树种年凋落叶量的年际动态

Fig. 7-2　Interannual changes of annual leaf litter for major tree species in the mixed broadleaved-Korean pine forest

年凋落叶量的年际波动略大于冷杉和云杉，变异系数为 13%，且呈现一年多一年少的年际波动模式，5 年平均的年凋落叶量为 132.8 g/m^2。冷杉和云杉年凋落叶量具有相似的年际波动模式，但冷杉的年凋落叶量高于云杉。阔叶树种中，紫椴和枫桦的年凋落叶量具有相似的年际波动模式，均在 2010 年最大，变异系数分别为 19%和 22%，5 年的平均年凋落叶量分别为 26.6 g/m^2 和 13.3 g/m^2。相对于其他阔叶树种，色木槭年凋落叶量的年际波动最大，变异系数为 36%，5 年的平均年凋落叶量为 29.6 g/m^2；而水曲柳年凋落叶量的年际波动最小，变异系数小于 10%。

阔叶红松林内，常绿针叶树种、落叶阔叶树种及整个林分叶面积最大时期的 LAI 在 2009~2013 年的波动均较平缓，其变异系数分别为 10%、12%和 10%，只是整个林分在 2010 年 LAI 大于其他年份（图 7-3），5 年间阔叶红松林叶面积最大时期的平均 LAI 值为 7.7。相对于阔叶红松林，谷地云冷杉林内常绿针叶树种、落叶树种及整个林分叶面积最大时期的 LAI 在 2009~2013 年存在较大的波动趋势，其变异系数分别为 22%、32%和 15%，同样是在 2010 年，整个林分的 LAI 大于其他年份，5 年间平均 LAI 为 5.0；总体而言，5 年间谷地云冷杉林叶面积最大时期的平均 LAI 为 4.2。白桦次生林内，常绿树种叶面积最大时期的 LAI 在 2009~2013 年具有明显的波动，变异系数为 67%，可能主要源于 2011 年常绿针叶树种的 LAI 显著高于其他年份；相对而言，落叶树种的 LAI 在 5 年间的波动较平缓，变异系数为 15%，该森林类型内落叶树种占绝对优势，因此，整个林分叶面积最大时期的 LAI 在 5 年间不存在明显的波动，平均 LAI 为 4.1。

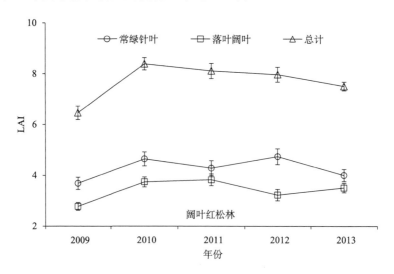

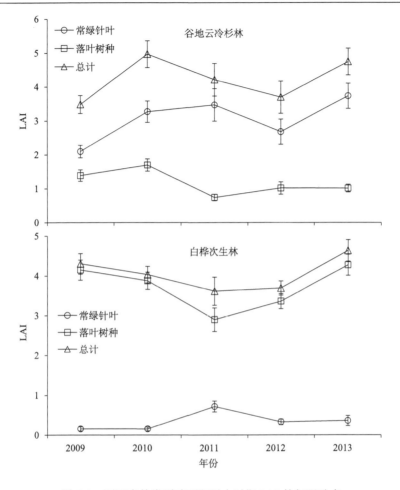

图 7-3 不同森林类型叶面积最大时期 LAI 的年际动态

Fig. 7-3 Interannual changes of annual maximum leaf area index in different forest stands

7.3 本 章 小 结

通过展叶调查显示本研究区域主要树种的展叶速率在不同年份内存在一定差异。常绿针叶树种中,红松展叶速率的年际波动大于冷杉和云杉;紫椴、色木槭、枫桦和裂叶榆在 2009 年的展叶速率与其他年份存在明显差异,而水曲柳的展叶比其他树种迟缓。不同树种的年凋落叶量表现出不同的年际波动模式,针叶树种中,红松年凋落叶量的年际波动略大于冷杉和云杉;阔叶树种中,色木槭 5 年凋落叶量的年际波动最大,变异系数为 36%,水曲柳的年际波动最小,变异系数小于 10%,

紫椴和枫桦的年凋落叶量具有相似的年际波动模式。

阔叶红松林内，常绿针叶树种、落叶阔叶树种及整个林分叶面积最大时期的 LAI 在 2009~2013 年的波动均较平缓，其变异系数分别为 10%、12%和 10%，5 年间叶面积最大时期的平均 LAI 值为 7.7。

谷地云冷杉林内常绿针叶树种、落叶树种及整个林分叶面积最大时期的 LAI 在 2009~2013 年存在较大的波动趋势，其变异系数分别为 22%、32%和 15%，5 年间平均 LAI 为 5.0。

相对而言，白桦次生林在 5 年间 LAI 的波动较平缓，变异系数为 10%，平均 LAI 为 4.1。研究结果表明，不同森林类型的 LAI 均存在一定的年际波动，而其是否具有一定的波动规律仍需要更加长期的定位观测来验证。

8 叶面积指数的空间格局

近年来,关于不同尺度上 LAI 空间格局的研究越来越多。赵传燕等(2009b)根据高分辨率的遥感数据反演青海云杉林的植被指数与 LAI 的关系,最后获得了较合理的该地区林冠层 LAI 的空间分布图;刘志理等(2013)利用直接法和间接法分析了小兴安岭谷地云冷杉林 LAI 空间格局的动态变化;姚丹丹等(2015)基于 DHP,采用地统计学的半变异函数和普通克里格法对 10 块 1 hm^2 云冷杉针阔混交林 LAI 的空间异质性进行了分析;Asner 等(2003)对全球不同森林群落的 LAI 进行了研究;Smettem 等(2013)研究了澳大利亚西部 LAI 与降水量的相关关系。以上研究多是利用遥感手段或是光学仪器法分析群落水平上 LAI 的格局分析,而如何相对准确地测定并分析不同树种 LAI 的空间格局的研究较少。

Ishihara 和 Hiura(2011)提出 3 种基于凋落物法和林分每木检尺数据的模型能够准确预测落叶阔叶林的 LAI,为提高凋落物法测定落叶阔叶林 LAI 的效率奠定了基础,同时为直接测定群落水平上,尤其是个体水平上 LAI 的格局分析提供了方法。3 种模型包括:①平均优势度模型(equal dominance model),即假设一个凋落物收集器内的总凋落物干重能平均分配给各树种;②林分优势度模型(stand dominance model),将凋落物按照各树种在整个样地内的相对优势度分配;③局域优势度模型(local dominance model),将凋落物按照各树种在凋落物收集器一定距离范围内的相对优势度分配。研究结果表明,3 种模型预测的 LAI 均与实测 LAI 显著相关($P<0.001$),最小相关系数为 0.988;局域优势模型预测的 LAI 与实测 LAI 具有最高的 R^2 值(0.997),且比其他两个模型能更准确地预测 LAI 的空间变异。然而,这 3 种模型是否适用于测定常绿针叶和落叶阔叶混交的针阔混交林的 LAI 尚未得到验证。尽管此 3 种模型不适用于测定未设置凋落物收集器的林分的 LAI,但相对于其他直接法仍具有明显的优势。

本章节依托 9 hm^2 阔叶红松林固定样地进行以下两方面的研究:第一,基于凋落物法利用不同模型预测 LAI;第二,基于凋落物法构建不同树种的 LAI 与其胸高断面积(basal area,BA)的相关关系,并根据该相关关系对整个样地及主要树种的 LAI 进行格局分析。

8.1　研　究　方　法

8.1.1　利用凋落物法直接测定叶面积指数

根据 3.1.1 中阐述的方案测定阔叶红松林内红松、冷杉、云杉、紫椴、色木槭、枫桦、裂叶榆、水曲柳、大青杨、花楷槭、青楷槭、春榆及毛榛子共 3 种针叶树种和 10 种阔叶树种不同时期的 SLA，但本章节利用凋落物法测定 LAI 中采用各树种不同时期 SLA 的均值。对于未测定 SLA 的阔叶树种，其 SLA 采用 10 种阔叶树种的均值。凋落物收集主要在 2010 年 9 月初至 2011 年 8 月初进行。其中，2010 年 9~12 月和 2011 年 5~8 月初，每个月初收集一次；而 2011 年 1~4 月，因样地内积雪过多，收集难度大，该段时间内不进行凋落物的收集，即 2011 年 5 月初收集的凋落物是 2010 年 12 月至 2011 年 4 月内凋落的。收集的凋落物及时带回实验室，将凋落叶按树种进行分类并测其湿重。随机选取一定数量的样品，烘干至恒重后测其干重。再结合各树种的 SLA 得到各样点、各树种、各时期凋落叶产生的 LAI。然后根据 3.1 节阐述的方案测定阔叶红松林内主要树种叶面积最大时期的 LAI，利用该方法测定的 LAI 为实测 LAI。

8.1.2　模型预测叶面积指数

参照 Ishihara 和 Hiura（2011）及 Nasahara 等（2008）的研究结果，本研究利用各树种的 BA 来评定各树种的优势度。

8.1.2.1　平均优势度模型

该模型假设凋落物收集器 i 内的总凋落叶干重（LF_i，g/m^2）能够平均分配给 13 个树种，即利用式 8-1 可得到凋落物收集器 i 内所有树种的总 LAI（LAI_i）（Ishihara and Hiura，2011）：

$$LAI_i = \sum_{j=1}^{13}\left(\frac{LF_i}{13} \times SLA_j\right) = LF_i \times \left(\frac{\sum_{j=1}^{13}SLA_j}{13}\right) \quad (8\text{-}1)$$

式中，SLA_j 为树种 j 的比叶面积。LF_i 为凋落物收集器 i 内的总凋落叶干重（即各时期凋落叶总和），其中阔叶树种为 2010 年 9 月至 2010 年 11 月内所有凋落叶，而针叶树种一直存在凋落现象，因此收集器 i 内针叶树种的总凋落叶是根据 2010 年 9 月至 2011 年 8 月内的总凋落针叶乘以其针叶平均叶寿命计算得到。

8.1.2.2 林分优势度模型

该模型根据各树种在整个样地内的相对优势度来预测凋落物收集器 i 对应的总 LAI（LAI_i）（Ishihara and Hiura，2011）：

$$LAI_i = \sum_{j=1}^{13}(LF_i \times D_j \times SLA_j) = LF_i \times \sum_{j=1}^{13}(D_j \times SLA_j) \qquad (8\text{-}2)$$

式中，D_j 为树种 j 在整个样地内的相对优势度，即树种 j 的胸高断面积（BA_j，m^2）占整个样地内 13 个树种总 BA 的比例，根据式 8-3 得到：

$$D_j = \frac{BA_j}{\sum\limits_{j=1}^{13}BA_j} \qquad (8\text{-}3)$$

8.1.2.3 局域优势度模型

该模型是根据各树种在距离凋落物收集器一定范围内的相对优势度来预测凋落物收集器 i 对应的总 LAI（LAI_i）（Ishihara and Hiura，2011）：

$$LAI_i = \sum_{j=1}^{13}(LF_i \times D_{ij} \times SLA_j) \qquad (8\text{-}4)$$

式中，D_{ij} 为树种 j 在距离凋落物收集器 i 10 m 距离内的相对优势度，根据式 8-5 计算得到：

$$D_{ij} = \frac{BA_{ij}}{\sum\limits_{j=1}^{13}BA_{ij}} \qquad (8\text{-}5)$$

Staelens 等（2004）的研究结果表明，凋落物收集器内的凋落叶总量与以收集器为中心一定半径范围内树木的总 BA 显著相关，且半径在 1~10 m 时，其相关性随半径增加而增加，而半径继续增加其相关性无明显变化。Ishihara 和 Hiura（2011）的研究进一步表明 10 m 为最佳距离。因此，$\sum\limits_{j=1}^{13}BA_{ij}$ 为以凋落物收集器 i 为中心，半径为 10 m 范围内 13 个树种的总 BA。

8.1.3 比叶面积有效性的验证

SLA 的测定是凋落物法测定 LAI 中的关键步骤，同时加大了凋落物法的实施难度，尤其是测定物种丰富的森林生态系统中各树种的 SLA 费时费力。因此，本研究基于 12 个树种的 SLA，检验测定 SLA 的树种数量对于 LAI 测定精度的影响，根据式 8-6 计算凋落物收集器 i 的总 LAI（LAI_i）（Ishihara and Hiura，2011）：

$$LAI_i = \sum_{j=1}^{n}(LF_{ij} \times SLA_j) + \sum_{j=n+1}^{12}LF_{ij} \times \left(\frac{\sum_{j=1}^{n}SLA_j}{n}\right) \quad (8\text{-}6)$$

右式中，第一部分为凋落物收集器 i 内 n 个树种（$j=1$，2，3…n，n 最大为 11）的总 LAI，第二部分为估测的剩余凋落叶产生的 LAI，由剩余凋落叶干重乘以 n 个已知树种的平均 SLA 得到。当 $n=12$ 时，第二部分为 0，式 8-6 计算得到实测 LAI。根据树种的 BA 占样地内总 BA 的比例（即相对优势度）由高到低依次选择树种，即 $j=1$ 时，所选树种为相对优势度最高的红松，依次类推。本研究中大青杨未用于 SLA 有效性的测定，因为其总 BA 主要是一棵大树的贡献（该树的 BA 占所有树木总 BA 的 79%），这使得凋落叶的分布过于集中，缺乏代表性。为检验式 8-6 估测 LAI 的准确性，将其与实测 LAI 进行回归分析，为方便比较，截距设置为 0。检验参数为斜率和调整后的决定系数（R^2）。

8.1.4 叶面积指数的空间格局

8.1.4.1 构建主要树种叶面积指数与其胸高断面积的相关关系

2010 年 8 月，对阔叶红松林整个样地内胸径≥1 cm 的物种进行每木检尺，主要测定胸径、树高、坐标等。阔叶红松林的核心区，面积为 160 m×160 m，分为 64 个 20 m×20 m 的小样方。基于 64 个 20 m×20 m 的小样方，以红松、冷杉、紫椴、色木槭、枫桦和裂叶榆为对象，根据每木检尺数据计算小样方内各树种的 BA，然后与凋落物收集器内对应凋落叶得到的 LAI 进行回归分析。

8.1.4.2 主要树种及林分水平上叶面积指数的格局分析

将阔叶红松林（300 m×300 m）分为 900 个 10 m×10 m 的小样方，以每个小样方为单位,基于不同树种 LAI 与其 BA 的相关关系,计算每个小样方内红松、冷杉、紫椴、色木槭、枫桦和裂叶榆的 LAI，并分析其空间格局；然后累加各树种的 LAI 得到整个小样方内的总 LAI,并分析林分水平上 LAI 的空间格局。其中，阔叶红松林内其他树种的凋落叶分布不均，样本过少，无法构建其 LAI 与 BA 的相关关系，因此，云杉的 LAI 根据冷杉的相关关系计算，其他阔叶树种的 LAI 根据紫椴、色木槭、枫桦和裂叶榆共同建立的 LAI 与 BA 的相关关系计算。

地统计学中的半方差函数经常用于描述空间异质性（Rossi et al.，1992；Li and Reynolds，1995；王政权，1999），本研究中 LAI 的空间异质性即采用该函数来评估。在分析前，对 LAI 数据进行正态性检验（Kolmogorov-Semirnov，K-S 检验），符合正态分布的数据直接进行计算，对于不符合正态分布的数据，进行对数或方根转换后以满足正态分布。半方差的计算公式如下：

$$\lambda(h)=\frac{1}{2N(h)}\sum_{i=1}^{N(h)}[Z(x_i)-Z(x_i+h)]^2 \qquad (8\text{-}7)$$

式中，$\lambda(h)$ 为半方差函数值，$N(h)$ 为抽样间隔等于 h 时的点对总数，$Z(x_i)$ 为系统某属性 Z 在空间位置 x_i 处的值，本研究中为 LAI 值，$Z(x_i+h)$ 为在 (x_i+h) 处值的一个区域化变量（Rossi et al., 1992）。半方差函数中的主要参数包括块金值或块金方差（nugget，C_0）、基台值（sill，C_0+C）和变程（range，A）。块金值代表不能被参数所解释的随机变化，表示随机因素产生的空间异质性；基台值是系统或系统属性中最大变异程度，其中拱高（C）表示自相关因素导致的空间异质性；变程反映空间变异的尺度，在变程内，变量具有空间自相关，反之不存在。基台值越大表示空间异质性越高，但因其受自身因素和测量单位的影响较大，不能用于不同区域化变量间的比较，同样，块金值也不能用于比较不同变量间随机部分产生的差异；但空间结构比（C/C_0+C）反映自相关引起的空间变异在总空间异质性中的贡献率。本研究中对 LAI 的空间散点数据采用线性模型、球状模型、指数模型和高斯模型等理论模型进行拟合，并根据决定系数（R^2）确定最优模型（R^2 值越大拟合效果越优）。以上分析利用地统计学软件 GS$^+$7.0（Gamma Design Software 2004）完成。

8.2　结果与分析

8.2.1　模型比较

3 种模型预测的 LAI 与实测 LAI 均显著相关（$P<0.01$）（图 8-1）。局域优势度模型预测的 LAI 与实测 LAI 具有最大的 R^2 及最小的 RMSE，分别为 0.97 和 0.42，表明该模型比平均优势度模型和林分优势度模型更能准确地预测 LAI 及其空间变异。平均优势度模型和林分优势度模型预测的 LAI 与实测 LAI 具有相同的 R^2 值（0.76），但前者与实测 LAI 的 RMSE 略大于后者，值分别为 1.10 和 1.09。实测 LAI、平均优势度模型、林分优势度模型及局域优势度模型预测的 LAI 分别为 6.88（SD=2.27）、12.44（SD=4.23）、7.86（SD=2.62）及 7.41（SD=2.32）（表 8-1），表明 3 种模型预测的 LAI 均高于实测 LAI。平均优势度模型预测 LAI 的效果最差，预测值比实测值高估 81%；林分优势度模型预测效果稍好，比实测值高估 14%；局域优势度模型预测效果最好，与实测值的差异小于 10%，表明在预测 LAI 时，应考虑 LAI 的空间特性，不同方法测定 LAI 均具有较大标准差（表 8-1），说明阔叶红松林的 LAI 存在明显的空间变异。

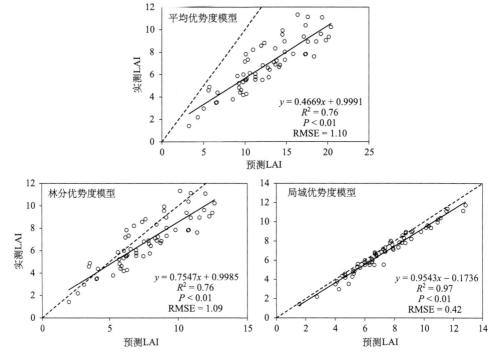

图 8-1　阔叶红松林实测 LAI 与 3 种模型预测的 LAI 的回归分析（n=64）

Fig. 8-1　Regression analysis between measured and predicted LAI for three models in the mixed broadleaved-Korean pine forest（n=64）

虚线为 1∶1 线

The dotted lines represent the 1∶1 relationship

表 8-1　阔叶红松林实测 LAI 与模型预测 LAI 的比较

Table 8-1　Comparison of measured and predicted LAI in the mixed broadleaved-Korean pine forest

数值	叶面积指数 LAI				差异 Difference/%		
	凋落物法	平均优势度模型	林分优势度模型	局域优势度模型	平均优势度模型	林分优势度模型	局域优势度模型
Values	Litter collection	Equal dominance	Stand dominance	Local dominance	Equal dominance	Stand dominance	Local dominance
均值 Mean	6.88	12.44	7.86	7.41	81	14	9
标准差 SD	2.27	4.23	2.62	2.32	30	19	9

注：差异（%）=（模型预测 LAI−实测 LAI）/实测 LAI×100

Note: Difference（%）=（predicted LAI−measured LAI）/measured LAI×100

8.2.2 比叶面积有效性

总体来看，随测定 SLA 树种数量的增加，斜率、调整后的 R^2 与 1 的距离均越来越近（2 个树种时除外）（图 8-2）。当选择 1~7 个树种的 SLA 计算 LAI 时，预测精度波动较大，而当选择≥8 个树种的 SLA 计算 LAI 时，斜率、调整后的 R^2 分别大于 0.970 和 0.986，其测量精度高于 97%，表明最少选择 8 个树种的 SLA 才能准确地测定阔叶红松林的 LAI。

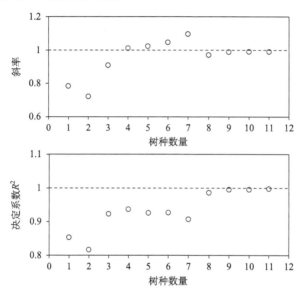

图 8-2　实测 LAI 与选择不同数量树种的比叶面积计算的 LAI 间的斜率，调整后的决定系数（R^2）

Fig. 8-2　Slopes of the regression line between measured LAI and LAI calculated using SLA of different number species，adjusted coefficients of determination（R^2）

8.2.3 叶面积指数与胸高断面积的回归分析

利用凋落物法测定 6 个树种的 LAI 与其 BA 均显著相关（$P<0.01$）（图 8-3）。在每个小样方内均有红松分布（$n=64$）（图 8-3），主要源于红松是该区域的建群种（相对优势度为 56.8%）。总体来看，LAI 与 BA 的相关性在针叶树种和阔叶树种间存在明显差异，例如，红松和冷杉，其 LAI 和 BA 回归方程的指数分别为 0.7972 和 0.9539；相对而言，阔叶树种间 LAI 和 BA 回归方程的指数均小于针叶树种，如裂叶榆对应的指数最大，为 0.6814。裂叶榆的 LAI 与其 BA 具有最优相关性，R^2=0.93，而枫桦、紫椴、冷杉、红松和色木槭，R^2 分别为 0.89、0.81、0.81、0.78 和 0.67。

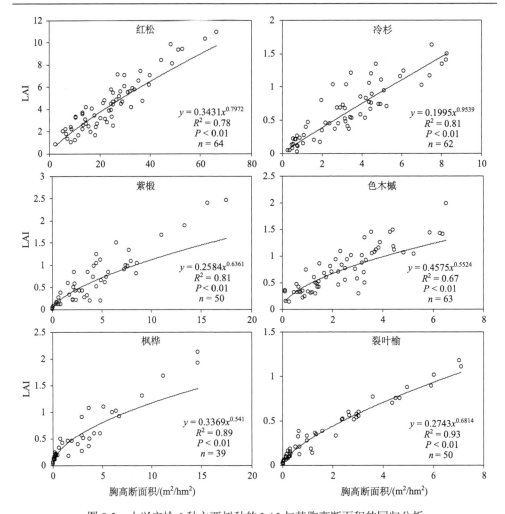

图 8-3 小兴安岭 6 种主要树种的 LAI 与其胸高断面积的回归分析

Fig. 8-3 Regression analysis between LAI and basal area for six major tree species in the Xiaoxing'an Mountains，China

8.2.4 阔叶红松林及其主要树种叶面积指数的空间异质性及格局分析

总体来看，不同树种及整个林分 LAI 的最优拟合理论模型均为指数模型（表 8-2），表明该类理论模型能较好地反映 LAI 的空间结构特征。相对而言，针叶树种的拟合效果优于阔叶树种，如红松、冷杉在 2005 年和 2010 年的 R^2 值分别为 0.74 和 0.77、0.65 和 0.88；而阔叶树种中裂叶榆在 2005 年的拟合效果最优，R^2 值为 0.64，色木槭的拟合效果较差，2005 年和 2010 年的 R^2 值分别为 0.11 和 0.14。红松和阔叶红松林的块金值和基台值均明显高于其他树种，可能主要源于其 LAI

值均较大；相对而言，其他树种的块金值均较小（小于 0.1），表明在最小抽样尺度下其 LAI 的变异性及测量误差较小。主要树种及阔叶红松林的空间结构比均较大，范围为 0.839~0.926，表明其空间异质性主要源于空间自相关；其中，紫椴的空间结构比最大，在 2005 年和 2010 年的比值分别为 0.926 和 0.921，即空间异质性中的 92.6%和 92.1%源于空间自相关。色木槭的变程明显低于其他变量，其中 2010 年的变程为 2.7 m；相对而言，其他树种及阔叶红松林在两个年份内变程的范围为 10.1~19.8 m。

表 8-2　阔叶红松林及其主要树种 LAI 的半方差函数的模型类型及参数

Table 8-2　Fitted model types and parameters for semivariograms of LAI for the mixed broadleaved-Korean pine forest and major tree species

树种及林分 Species and stand	年份 Year	理论模型 Model	块金值 Nugget C_0	基台值 Sill C_0+C	空间结构比 $C/(C_0+C)$	变程 Range（A）	决定系数 R^2
红松	2005	指数模型	1.920	15.450	0.876	18.9	0.74
Pinus koraiensis	2010	指数模型	1.960	15.710	0.875	18.9	0.77
冷杉	2005	指数模型	0.087	0.820	0.894	15.6	0.65
Abies nephrolepis	2010	指数模型	0.083	0.750	0.889	19.8	0.88
紫椴	2005	指数模型	0.028	0.376	0.926	10.1	0.21
Tilia amurensis	2010	指数模型	0.030	0.382	0.921	10.1	0.15
色木槭	2005	指数模型	0.035	0.295	0.881	8.4	0.11
Acer mono	2010	指数模型	0.053	0.329	0.839	2.7	0.14
枫桦	2005	指数模型	0.026	0.230	0.889	13.2	0.29
Betula costata	2010	指数模型	0.025	0.233	0.889	13.8	0.34
裂叶榆	2005	指数模型	0.028	0.208	0.865	13.8	0.64
Ulmus laciniata	2010	指数模型	0.029	0.217	0.865	12.9	0.51
阔叶红松林	2005	指数模型	1.970	1.630	0.879	12.3	0.52
Mixed broadleaved-Korean pine forest	2010	指数模型	2.110	16.500	0.872	12.6	0.52

整体来看，阔叶红松林的 LAI 在 2005 年和 2010 年具有相似的空间分布特征（图8-4），LAI 高值区域（＞8）、中值区域（4~8）和低值区域（＜4）的分布面积占总面积的比例在两个年份内不存在明显差异，值分别为 34%和 33%、33%和 32%、33%和 35%，可能主要源于该区域的阔叶红松林为顶极群落，处于稳定状态。红松 LAI 的空间格局在 2005 年和 2010 年未发生明显变化（图 8-5）；相对而言，冷杉 LAI 的低值区域（＜0.5）面积经过 5 年的时间明显增大，其占总样地面积的

比例出 2005 年的 51%增加到 2010 年的 68%，主要源于冷杉幼苗的更新；而中值区域（0.5~1.1）面积有所减小，可能主要源于较大径级树木的死亡。紫椴 LAI 的空间格局经过 5 年时间不存在明显变化，2005 年和 2010 年，低值区域（<0.6）占绝对优势，分别占总面积的 83%和 82%。相对而言，色木槭 LAI 的中高值区域（>0.4）所占比例高于紫椴，2005 年和 2010 年，共占总面积的比例分别为 47%和 48%。虽然枫桦和裂叶榆 LAI 的空间分布在局部存在差异，但其总体特征没有明显差异，如 2005 年，二者低值区域（<0.4）、中值区域（0.4~0.8）和高值区域（>0.8）的面积分别占总面积的比例为 83%和 85%、7%和 7%、10%和 8%；2010 年相应的比例分别为 83%和 84%、7%和 7%、10%和 9%。

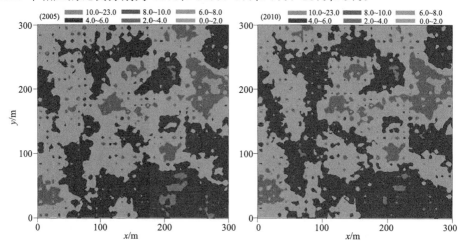

图 8-4　2005 年和 2010 年 9 hm² 阔叶红松林 LAI 的空间格局（彩图请扫封底二维码）

Fig. 8-4　The spatial patterns of LAI of the 9 hm²（300 m×300 m）mixed broadleaved-Korean pine forest in both 2005 and 2010（Scanning QR code on back cover to see color graph）

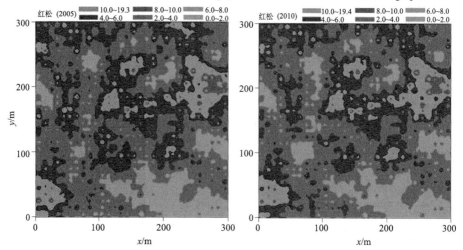

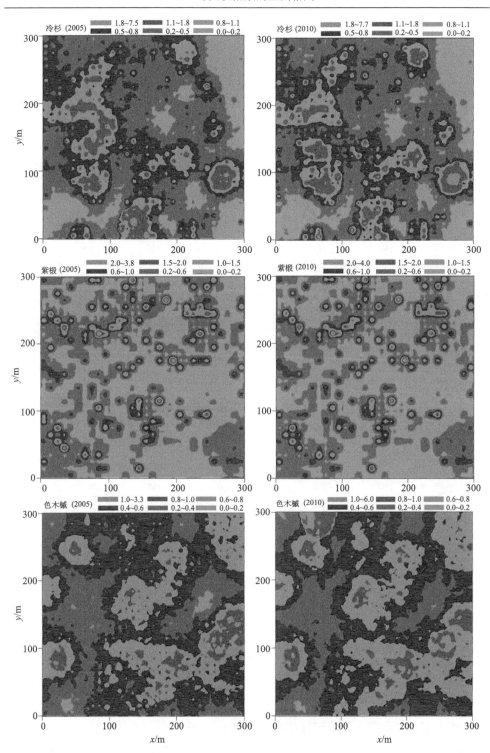

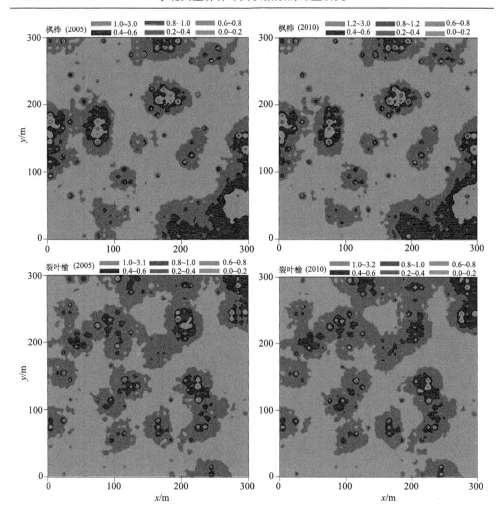

图 8-5　2005年和 2010 年阔叶红松林内主要树种 LAI 的空间格局（彩图请扫封底二维码）

Fig. 8-5　The spatial patterns of LAI of major tree species in the mixed broadleaved-Korean pine forest in both 2005 and 2010（Scanning QR code on back cover to see color graph）

8.3　讨　　论

8.3.1　3 种模型预测叶面积指数的影响因素及实用性

平均优势度模型、林分优势度模型及局域优势度模型预测落叶阔叶林 LAI 的准确性均大于 91%（Ishihara and Hiura，2011），高于预测针阔混交林（阔叶红松林）的 LAI，主要源于针叶树种和阔叶树种间的 SLA 存在明显差异。本研究中不同树种 SLA 的变异系数大于 Ishihara 和 Hiura（2011）的研究结果，二者的值分别为 46.4%和 17.9%，此外，本研究中未考虑冠层中叶片的垂直结构对 SLA 产生的影响.平均优势度模型预测针阔混交林的 LAI 的效果最差，比实测值高估 81%，表明平均优势度模型不适于预测针阔混交林的 LAI。在具备主要树种的 SLA 及 BA 条件下，林分优势度模型能够用于针阔混交林 LAI 的预测，精度达 86%。局域优势度模型预测针阔混交林 LAI 的效果最优，精度高于 90%，表明该模型不仅适用于预测落叶阔叶林的 LAI，在针阔混交林中也适用；然而该模型需要额外测定树木在林分中的空间信息（坐标）（Ishihara and Hiura，2011）。此外，为准确估测阔叶红松林的 LAI，应考虑测定 SLA 的树种数量，当测定树种数量过少时会出现低估或高估 LAI 的现象（图 8-2），Ishihara 和 Hiura（2011）也得到类似结论；但 Kalácska 等（2005）发现基于一些树种的平均 SLA 预测 LAI 时总会出现高估现象，与树种数量无关，这些现象可能主要源于林分的物种组成及树种特性的差异。本研究表明，最少测定 8 个主要树种的 SLA，其 BA 占 12 个物种总 BA 的 95%才能准确预测针阔混交林的 LAI（精度高于 97%）。林分优势度模型和局域优势度模型均不需要将凋落叶按树种进行分类，这大大提高了凋落物法的效率。

目前,异速生长方程法也是测定森林生态系统LAI常用的直接法（Smith et al.，1991；Hall et al.，2003；Jonckheere et al.，2005a；Kalácska et al.，2005；曾小平等，2008），但相对于局域优势度模型法，需要耗费更多的人力财力，因为不仅同一地域不同树种间的异速生长方程存在差异，同一树种不同地域间的异速生长方程也可能存在差异（Gower et al.，1993；Chen，1996；Ishihara and Hiura，2011）。然而局域优势度模型受凋落物收集器的限制，不适用于未设置收集器林分 LAI 的测定。相对而言，光学仪器法能方便、快捷地测定森林生态系统的 LAI，但其存在明显低估现象，精度需要直接测定值进行校准已得到广泛报道（Jonckheere et al.，2004）。因此，如何提高直接法的效率或如何提高模型预测的精度应给予更多关注。

8.3.2 叶面积指数与林木因子的相关关系

本研究基于凋落物法，建立了小兴安岭 6 个主要树种的 LAI 与其 BA 的回归关系，该方法避免了破坏性取样。研究表明，6 个树种的 LAI 与 BA 均显著相关（$P<0.01$），最小 R^2 为 0.67。其他学者也得到类似结论，如 Deblonde 等（1994）通过采伐样树，拟合叶面积与胸高处边材面积的方程，直接估测了加拿大松树林的脂松（*Pinus resinosa*）和班克松（*Pinus banksiana*）的 LAI，发现林分 LAI 与平均 BA 相关性很强（$R^2=0.98$）；Neumann 等（1989）通过凋落物法估测了加拿大安大略湖南部大齿杨（*Populus grandidentata*）-红枫（*Acer rubrum*）混交落叶林的 LAI，得到 LAI 与各树种的 BA 具有很强的相关性（$R^2=0.994$）。这些研究结果表明，根据 BA 能够有效地预测树种或林分的 LAI，同时也为基于凋落物法

建立 LAI 与 BA 的回归关系提供了理论支持。本研究中虽考虑了 SLA 的季节性差异，但未考虑其是否存在空间变异。而有研究表明，利用凋落物法测定 LAI 时应考虑 SLA 的空间变异性，例如，Bouriaud 等（2003）的研究表明，计算 LAI 时忽略 SLA 的空间变异能导致 8%~24%的误差。因此，为提高凋落物法测定 LAI 的准确性，SLA 的空间变异性在今后研究中应被考虑。

本研究还利用半方差函数分析了 2005 年和 2010 年阔叶红松林及其主要树种 LAI 的空间格局，表明不同树种及整个林分的 LAI 具有不同的空间分布特征，但其空间异质性主要源于空间自相关，说明随机因素对 LAI 空间分布的贡献较小。经过 5 年时间的发展，大部分树种及整个林分 LAI 的空间分布特征未发生明显变化，主要源于该区域的阔叶红松林为成熟林，处于稳定状态。

8.4　本 章 小 结

本研究以小兴安岭阔叶红松林为研究对象，先利用凋落物法测定其 LAI，依此为参考对平均优势度模型、林分优势度模型和局域优势度模型 3 种模型预测 LAI 的有效性进行验证，并以红松、冷杉、紫椴、色木槭、枫桦和裂叶榆为例，探讨了基于凋落物法测定的 LAI 与 BA 的相关关系。结果表明：平均优势度模型不适于预测针阔混交林的 LAI；林分优势度模型预测效果较好，精度达 86%；局域优势度模型预测效果最优，精度高于 90%。然而，为准确测定阔叶红松林的 LAI，应最少选择测定 8 个主要树种的 SLA。基于凋落物法测定的 6 个树种的 LAI 与其 BA 均显著相关（$P<0.01$），最小 R^2 为 0.67。该研究结果可为快速、准确地测定针阔混交林的 LAI 提供依据，为非破坏性条件下建立树种的 LAI 与其 BA 的相关关系提供参考。同时，利用半方差函数分析了阔叶红松林及其主要树种 LAI 的空间格局，结果表明，不同 LAI 的空间异质性主要源于空间自相关，且大部分 LAI 随时间变化其空间分布特征变化不明显。

参 考 文 献

陈厦, 桑卫国. 2007. 暖温带地区 3 种森林群落叶面积指数和林冠开阔度的季节动态. 植物生态学报, 31(3): 431-436.

丹利, 季劲钧, 马柱国. 2007. 新疆植被生产力与叶面积指数的变化及其对气候的响应. 生态学报, 27(9): 3582-3592.

杜春雨, 范文义. 2010. 有效叶面积指数与真实叶面积指数的模型转换. 东北林业大学学报, 38(7): 126-128.

郭志华, 向洪波, 刘世荣, 李春燕, 赵占轻. 2010. 落叶收集法测定叶面积指数的快速取样方法. 生态学报, 30(5): 1200-1209.

郝佳, 熊伟, 王彦辉, 于澎涛, 刘延惠, 徐丽宏, 王轶浩, 张晓蓓. 2012. 华北落叶松人工林叶面积指数实测值与冠层分析仪读数值的比较和动态校正. 林业科学研究, 25(2): 231-235.

李文华, 罗天祥. 1997. 中国云冷杉林生物生产力格局及其数学模型. 生态学报, 17(5): 511-518.

李轩然, 刘琪璟, 蔡哲, 马泽清. 2007. 千烟洲针叶林的比叶面积及叶面积指数. 植物生态学报, 31(1): 93-101.

刘志理, 金光泽. 2012. 小兴安岭三种森林类型叶面积指数的估测. 应用生态学报, 23(9): 2437-2444.

刘志理, 金光泽. 2013. 小兴安岭白桦次生林叶面积指数的估测. 生态学报, 33(8): 2505-2513.

刘志理, 金光泽. 2014. 基于光学仪器法测定谷地云冷杉林叶面积指数的季节变. 应用生态学报, 25(12): 3420-3428.

刘志理, 金光泽, 周明. 2014. 利用直接法和间接法测定针阔混交林叶面积指数的季节动态. 植物生态学报, 38(8): 843-856.

刘志理, 戚玉娇, 金光泽. 2013. 小兴安岭谷地云冷杉林叶面积指数的季节动态及空间格局. 林业科学, 49(8): 58-64.

柳艺博, 居为民, 陈镜明, 朱高龙, 邢白灵, 朱敬芳, 何明珠. 2012. 2000~2010 年中国森林叶面积指数时空变化特征. 科学通报, 57(16): 1435-1445.

吕瑜良, 刘世荣, 孙鹏森, 张国斌, 张瑞蒲. 2007. 川西亚高山暗针叶林叶面积指数的季节动态与空间变异特征. 林业科学, 43(08): 1-7.

马泽清, 刘琪璟, 曾慧卿, 李轩然, 陈永瑞, 林耀明, 张时煌, 杨风亭, 汪宏清. 2008. 南方人工林叶面积指数的摄影测量. 生态学报, 28(5): 1971-1980.

任海, 彭少麟. 1997. 鼎湖山森林群落的几种叶面积指数测定方法的比较. 生态学报, 17(2): 220-223.

宋林, 孙志虎. 2012. 长白落叶松人工林叶面积指数测定. 东北林业大学学报, 40(9): 6-9.

苏宏新, 白帆, 李广起. 2012. 3 类典型温带山地森林的叶面积指数的季节动态: 多种监测方法比较. 植物生态学报, 36(3): 231-242.

童鸿强, 王玉杰, 王彦辉, 于澎涛, 熊伟, 徐丽宏, 周杨. 2011. 六盘山叠叠沟华北落叶松人工林叶面积指数的时空变化特征. 林业科学研究, 24(1): 13-20.

王宝琦, 刘志理, 戚玉娇, 金光泽. 2014. 利用不同方法测定人工红松林叶面积指数的季节动态. 生态学报, 34(8): 1956-1964.

王猛, 李贵才, 王军邦. 2011. 典型草原通量塔通量贡献区地上生物量和叶面积指数的时空变异. 应用生态学报, 22(3): 637-643.

王希群, 马履一, 贾忠奎, 徐程扬. 2005. 叶面积指数的研究和应用进展. 生态学杂志, 24(5): 537-541.

王政权. 1999. 地统计学及在生态学中的应用. 北京: 科学出版社.

向洪波, 郭志华, 赵占轻, 王建力. 2009. 不同空间尺度森林叶面积指数的估算方法. 林业科学, 45(6): 139-144.

徐丽娜, 金光泽. 2012. 小兴安岭凉水典型阔叶红松林动态监测样地: 物种组成与群落结构. 生物多样性, 20(4): 470-481.

姚丹丹, 雷相东, 余黎, 卢军, 符利勇, 俞锐刚. 2015. 云冷杉针阔混交林叶面积指数的空间异质性. 生态学报, 35(1): 71-79.

曾小平, 赵平, 饶兴权, 蔡锡安. 2008. 鹤山丘陵 3 种人工林叶面积指数的测定及其季节变化. 北京林业大学学报, 30(5): 33-38.

张文辉, 许晓波, 周建云, 谢宗强. 2005. 濒危植物秦岭冷杉种群数量动态. 应用生态学报, 16(10): 1799-1804.

赵传燕, 齐家国, 沈卫华, 邹松兵. 2009a. 利用半球图像反演祁连山区青海云杉 (*Picea crassifolia*) 林盖度. 生态学报, 29(008): 4196-4205.

赵传燕, 沈卫华, 彭焕华. 2009b. 祁连山区青海云杉林冠层叶面积指数的反演方法. 植物生态学报, 33(5): 860-869.

周宇宇, 唐世浩, 朱启疆, 李江涛, 孙睿, 刘素红. 2003. 长白山自然保护区叶面积指数测量及结果. 资源科学, 25(6): 38-42.

邹杰, 阎广建. 2010. 森林冠层地面叶面积指数光学测量方法研究进展. 应用生态学报, 21(11): 2971-2979.

Anderson M. 1964. Studies of the woodland light climate Ⅰ. The photographic computation of light condition. Journal of Ecology, 52: 27-41.

Anderson M. 1971. Radiation and crop structure. *In*: Sestak Z, Catsky J, Jarvis PG. Plant Photosynthetic Production. Manual of Methods. Hague, The Netherlands: Junk: 77-90.

Anderson M. 1981. The geometry of leaf distribution in some south-eastern Australian forests.

Agricultural Meteorology, 25: 195-205.

Arias D, Calvo-Alvarado J, Dohrenbusch A. 2007. Calibration of LAI-2000 to estimate leaf area index (LAI) and assessment of its relationship with stand productivity in six native and introduced tree species in Costa Rica. Forest Ecology and Management, 247(1-3): 185-193.

Asner GP, Scurlock JMO, Hicke JA. 2003. Global synthesis of leaf area index observations: implications for ecological and remote sensing studies. Global Ecology and Biogeography, 12(3): 191-205.

Aussenac G. 1969. Production de litie Áre dans divers peuplements forestiers de l'Est de la France. Oecologia Plantarum, 4: 225-236.

Balster NJ, Marshall JD. 2000. Eight-year responses of light interception, effective leaf area index, and stemwood production in fertilized stands of interior Douglas-fir (*Pseudotsuga menziesii* var. *glauca*). Canadian Journal of Forest Research, 30(5): 733-743.

Barclay H, Trofymow J, Leach R. 2000. Assessing bias from boles in calculating leaf area index in immature Douglas-fir with the LI-COR canopy analyzer. Agricultural and Forest Meteorology, 100(2-3): 255-260.

Baret F, Andrieu B, Steven MD. 1993. Gap frequency and canopy architecture of sugar beet and wheat crops. Agricultural and Forest Meteorology, 65: 261-279.

Barr AG, Black TA, Hogg EH, Kljun N, Morgenstern K, Nesic Z. 2004. Inter-annual variability in the leaf area index of a boreal aspen-hazelnut forest in relation to net ecosystem production. Agricultural and Forest Meteorology, 126(3-4): 237-255.

Battaglia M, Cherry ML, Beadle CL, Sands PJ, Hingston A. 1998. Prediction of leaf area index in eucalypt plantations: effects of water stress and temperature. Tree Physiology, 18(8-9): 521-528.

Beadle CL. 1997. Dynamics of leaf and canopy development. *In*: Nambiar EKS, Brown AG. Management of Soil, Nutrients and Water in Tropical Plantation Forests. Canberra: ACIAR Monograph: 169-211.

Becker P, Erhart DW, Smith AM. 1989. Analysis of forest light environments. 1. Computerized estimation of solar-radiation from hemispherical canopy photographs. Agricultural and Forest Meteorology, 44: 217-232.

Beckschäfer P, Seidel D, Kleinn C, Xu J. 2013. On the exposure of hemispherical photographs in forests. iForest-Biogeosciences and Forestry, 6(4): 228-237.

Bedecarrats A, Isselin-Nondedeu F. 2012. Prediction of specific leaf area distribution in plant communities along a soil resource gradient using trait trade-offs in a pattern-oriented modelling approach. Community Ecology, 13(1): 55-63.

Behera SK, Srivastava P, Pathre UV, Tuli R. 2010. An indirect method of estimating leaf area index in *Jatropha curcas* L. using LAI-2000 Plant Canopy Analyzer. Agricultural and Forest

Meteorology, 150(2): 307-311.

Bequet R, Campioli M, Kint V, Vansteenkiste D, Muys B, Ceulemans R. 2011. Leaf area index development in temperate oak and beech forests is driven by stand characteristics and weather conditions. Trees-Structure and Function, 25(5): 935-946.

Blennow K. 1995. Sky view factors from high-resolution scanned fish-eye lens photographic negatives. Journal of Atmospheric and Oceanic Technology, 12: 1357-1362.

Bolstad PV, Gower ST. 1990. Estimation of leaf area index in fourteen southern Wisconsin forest stands using a portable radiometer. Tree Physiology, 7: 115-124.

Bonhomme R, Chartier P. 1972. The interpretation and automatical measurement of hemispherical photographs to obtain sunlit foliage area and gap frequency. Israel Journal Agricultural Research, 22: 53-61.

Bonhomme R, Varlet-Grancher C, Chartier M. 1974. The use of hemispherical photographs for determining the leaf area index of young crops. Photosynthetica, 8: 299-301.

Borghetti M, Vendramin GG, Giannini R. 1986. Specific leaf-area and leaf-area index distribution in a Young Douglas-Fir plantation. Canadian Journal of Forest Research, 16(6): 1283-1288.

Bouriaud O, Soudani K, Bréda NJJ. 2003. Leaf area index from litter collection: impact of specific leaf area variability within a beech stand. Canadian Journal of Remote Sensing, 29(3): 371-380.

Bréda NJJ. 2003. Ground-based measurements of leaf area index: a review of methods, instruments and current controversies. Journal of Experimental Botany, 54(392): 2403-2417.

Brenner A, Cueto Romero M, Garcia Haro J, Gilabert M, Incoll L, Martinez Fernandez J, Porter E, Pugnaire F, Younis M. 1995. A comparison of direct and indirect methods for measuring leaf and surface areas of individual bushes. Plant, Cell and Environment, 18(11): 1332-1340.

Calvo-Alvarado J, McDowell N, Waring R. 2008. Allometric relationships predicting foliar biomass and leaf area: sapwood area ratio from tree height in five Costa Rican rain forest species. Tree Physiology, 28(11): 1601-1608.

Capdevielle-Vargas R, Estrella N, Menzel A. 2015. Multiple-year assessment of phenological plasticity within a beech (*Fagus sylvatica* L.) stand in southern Germany. Agricultural and Forest Meteorology, 211-212: 13-22.

Cermak J. 1988. Solar equivalent leaf area: an efficient biometrical parameter of individual leaves, trees and stands. Tree Physiology, 5: 269-289.

Cescatti A. 2007. Indirect estimates of canopy gap fraction based on the linear conversion of hemispherical photographs: methodology and comparison with standard thresholding techniques. Agricultural and Forest Meteorology, 143(1): 1-12.

Chai L, Qu Y, Zhang L, Liang S, Wang J. 2012. Estimating time-series leaf area index based on recurrent nonlinear autoregressive neural networks with exogenous inputs. International Journal of Remote Sensing, 33(18): 5712-5731.

Chan SS, McCreight RW, Walstad JD, Spies T. 1986. Evaluating forest vegetative cover with computerized analysis of fisheye photographs. Forest Science, 32: 1085-1091.

Chason JW, Baldocchi DD, Huston MA. 1991. A comparison of direct and indirect methods for estimating forest canopy leaf area. Agricultural and Forest Meteorology, 57(1-3): 107-128.

Chen J, Liu J, Cihlar J, Goulden M. 1999. Daily canopy photosynthesis model through temporal and spatial scaling for remote sensing applications. Ecological Modelling, 124(2): 99-119.

Chen JM. 1996. Optically-based methods for measuring seasonal variation of leaf area index in boreal conifer stands. Agricultural and Forest Meteorology, 80(2-4): 135-163.

Chen JM, Black TA. 1991. Measuring leaf area index of plant canopies with branch architecture. Agricultural and Forest Meteorology, 57(1-3): 1-12.

Chen JM, Black TA. 1992. Defining leaf area index for non-flat leaves. Plant, Cell and Environment, 15(4): 421-429.

Chen JM, Black TA, Adams RS. 1991. Evaluation of hemispherical photography for determining plant area index and geometry of a forest stand. Agricultural and Forest Meteorology, 56(1-2): 129-143.

Chen JM, Cihlar J. 1995a. Plant canopy gap-size analysis theory for improving optical measurements of leaf-area index. Applied Optics, 34(27): 6211-6222.

Chen JM, Cihlar J. 1995b. Quantifying the effect of canopy architecture on optical measurements of leaf area index using two gap size analysis methods. IEEE Transactions on Geoscience and Remote Sensing, 33(3): 777-787.

Chen JM, Cihlar J. 1996. Retrieving leaf area index of boreal conifer forests using landsat TM images. Remote Sensing of Environment, 55(2): 153-162.

Chen JM, Govind A, Sonnentag O, Zhang Y, Barr A, Amiro B. 2006. Leaf area index measurements at Fluxnet-Canada forest sites. Agricultural and Forest Meteorology, 140(1-4): 257-268.

Chen JM, Rich PM, Gower ST, Norman JM, Plummer S. 1997. Leaf area index of boreal forests: theory, techniques, and measurements. Journal of Geophysical Research, 102(D24): 29429-29443.

Chianucci F, Cutini A. 2012. Digital hemispherical photography for estimating forest canopy properties: current controversies and opportunities. iForest-Biogeosciences and Forestry, 5(6): 290-295.

Chianucci F, Cutini A. 2013. Estimation of canopy properties in deciduous forests with digital hemispherical and cover photography. Agricultural and Forest Meteorology, 168: 130-139.

Chianucci F, Cutini A, Corona P, Puletti N. 2014a. Estimation of leaf area index in understory deciduous trees using digital photography. Agricultural and Forest Meteorology, 198-199:

259-264.

Chianucci F, Macfarlane C, Pisek J, Cutini A, Casa R. 2014b. Estimation of foliage clumping from the LAI-2000 Plant Canopy Analyzer: effect of view caps. Trees-Structure and Function, 29 (2): 355-366.

Clough B, Tan DT, Phuong DX, Buu DC. 2000. Canopy leaf area index and litter fall in stands of the mangrove *Rhizophora apiculata* of different age in the Mekong Delta, Vietnam. Aquatic Botany, 66: 311-320.

Coops N, Smith M, Jacobsen K, Martin M, Ollinger S. 2004. Estimation of plant and leaf area index using three techniques in a mature native eucalypt canopy. Austral Ecology, 29(3): 332-341.

Cutini A, Matteucci G, Mugnozza G. 1998. Estimation of leaf area index with the Li-Cor LAI 2000 in deciduous forests. Forest Ecology and Management, 105(1-3): 55-65.

Deblonde G, Penner M, Royer A. 1994. Measuring leaf area index with the LI-COR LAI-2000 in pine stands. Ecology, 75(5): 1507-1511.

Dermody O, Long SP, DeLucia EH. 2006. How does elevated CO_2 or ozone affect the leaf-area index of soybean when applied independently? New Phytologist, 169(1): 145-155.

Dufrêne E, Bréda N. 1995. Estimation of deciduous forest leaf area index using direct and indirect methods. Oecologia, 104(2): 156-162.

Eimil-Fraga C, Sánchez-Rodríguez F, Álvarez-Rodríguez E, Rodríguez-Soalleiro R. 2015. Relationships between needle traits, needle age and site and stand parameters in *Pinus pinaster*. Trees, 29(4): 1103-1113.

Eklundh L, Hall K, Eriksson H, Ardö J, Pilesjö P. 2003. Investigating the use of Landsat thematic mapper data for estimation of forest leaf area index in southern Sweden. Canadian Journal of Remote Sensing, 29(3): 349-362.

Englund SR, O'Brien JJ, Clark DB. 2000. Evaluation of digital and film hemispherical photography and spherical densiometry for measuring forest light environments. Canadian Journal of Forest Research, 30(12): 1999-2005.

Eriksson H, Eklundh L, Hall K, Lindroth A. 2005. Estimating LAI in deciduous forest stands. Agricultural and Forest Meteorology, 129(1-2): 27-37.

Evans GD, Coombe D. 1959. Hemispherical and woodland canopy photography and the light climate. Journal of Ecology, 47: 103-113.

Fassnacht KS, Gower ST, Norman JM, McMurtric RE. 1994. A comparison of optical and direct methods for estimating foliage surface area index in forests. Agricultural and Forest Meteorology, 71(1): 183-207.

Ferment A, Picard N, Gourlet-Fleury, Baraloto C. 2001. A comparison of five indirect methods for characterizing the light environment in a tropical forest. Annals of Forest Science, 58(8):

877-891.

Fournier R, Landry R, August N, Fedosejevs G, Gauthier R. 1996. Modelling light obstruction in three conifer forests using hemispherical photography and fine tree architecture. Agricultural and Forest Meteorology, 82(1): 47-72.

Frazer GW, Trofymow J, Lertzman KP. 2000. Canopy openness and leaf area in chronosequences of coastal temperate rainforests. Canadian Journal of Forest Research, 30(2): 239-256.

Garrigues S, Lacaze R, Baret F, Morisette J, Weiss M, Nickeson J, Fernandes R, Plummer S, Shabanov N, Myneni R. 2008. Validation and intercomparison of global leaf area index products derived from remote sensing data. Journal of Geophysical Research, 113(G2): G02028.

Gonsamo A, Pellikka P. 2009. The computation of foliage clumping index using hemispherical photography. Agricultural and Forest Meteorology, 149(10): 1781-1787.

Gower ST, Kucharik CJ, Norman JM. 1999. Direct and indirect estimation of leaf area index, $f_{(APAR)}$, and net primary production of terrestrial ecosystems. Remote Sensing of Environment, 70(1): 29-51.

Gower ST, Norman JM. 1991. Rapid estimation of leaf area index in conifer and broad-leaf plantations. Ecology, 72(5): 1896-1900.

Gower ST, Reich PB, Son Y. 1993. Canopy dynamics and aboveground production of five tree species with different leaf longevities. Tree Physiology, 12(4): 327-345.

Grassi G, Vicinelli E, Ponti F, Cantoni L, Magnani F. 2005. Seasonal and interannual variability of photosynthetic capacity in relation to leaf nitrogen in a deciduous forest plantation in northern Italy. Tree Physiology, 25(3): 349-360.

Grier C, Waring R. 1974. Conifer foliage mass related to sapwood area. Forest Science, 20: 205-206.

Groenendijk M, Dolman AJ, Ammann C, Arneth A, Cescatti A, Dragoni D, Gash JHC, Gianelle D, Gioli B, Kiely G, Knohl A, Law BE, Lund M, Marcolla B, van der Molen MK, Montagnani L, Moors E, Richardson AD, Roupsard O, Verbeeck H, Wohlfahrt G. 2011. Seasonal variation of photosynthetic model parameters and leaf area index from global Fluxnet eddy covariance data. Journal of Geophysical Research-Biogeosciences, 116(G4): 389-395.

Guillemot J, Delpierre N, Vallet P, François C, Martin-StPaul NK, Soudani K, Nicolas M, Badeau V, Dufrêne E. 2014. Assessing the effects of management on forest growth across France: insights from a new functional-structural model. Annals of Botany, 114: 779-793.

Guiterman CH, Seymour RS, Weiskittel AR. 2012. Long-term thinning effects on the leaf area of *Pinus strobus* L. as estimated from litterfall and individual-tree allometric models. Forest Science, 58(1): 85-93.

Gunn S, Farrar JF, Collis BE, Nason M. 1999. Specific leaf area in barley: individual leaves versus whole plants. New Phytologist, 143(1): 45-51.

Hall RJ, Davidson DP, Peddle DR. 2003. Ground and remote estimation of leaf area index in Rocky Mountain forest stands, Kananaskis Alberta. Canadian Journal of Remote Sensing, 29: 411-427.

Hardwick SR, Toumi R, Pfeifer M, Turner EC, Nilus R, Ewers RM. 2015. The relationship between leaf area index and microclimate in tropical forest and oil palm plantation: forest disturbance drives changes in microclimate. Agricultural and Forest Meteorology, 201: 187-195.

Heiskanen J, Rautiainen M, Stenberg P, Mõttus M, Vesanto VH, Korhonen L, Majasalmi T. 2012. Seasonal variation in MODIS LAI for a boreal forest area in Finland. Remote Sensing of Environment, 126: 104-115.

Hill R. 1924. A lens for whole sky photographs. Quarterly Journal of the Royal Meteorological Society, 50: 227-235.

Hoch G, Richter A, Körner C. 2003. Non-structural carbon compounds in temperate forest trees. Plant, Cell and Environment, 26(7): 1067-1081.

Iio A, Hikosaka K, Anten NPR, Nakagawa Y, Ito A. 2014. Global dependence of field-observed leaf area index in woody species on climate: a systematic review. Global Ecology and Biogeography, 23(3): 274-285.

Ishihara MI, Hiura T. 2011. Modeling leaf area index from litter collection and tree data in a deciduous broadleaf forest. Agricultural and Forest Meteorology, 151(7): 1016-1022.

Jarčuška B, Kucbel S, Jaloviar P. 2010. Comparison of output results from two programmes for hemispherical image analysis: Gap Light Analyser and WinScanopy. Journal of Forest Science, 56(4): 147-153.

Jonckheere I, Fleck S, Nackaerts K, Muys B, Coppin P, Weiss M, Baret F. 2004. Review of methods for *in situ* leaf area index determination: Part I. Theories, sensors and hemispherical photography. Agricultural and Forest Meteorology, 121(1-2): 19-35.

Jonckheere I, Muys B, Coppin P. 2005a. Allometry and evaluation of *in situ* optical LAI determination in Scots pine: a case study in Belgium. Tree Physiology, 25(6): 723-732.

Jonckheere I, Nackaerts K, Muys B, Coppin P. 2005b. Assessment of automatic gap fraction estimation of forests from digital hemispherical photography. Agricultural and Forest Meteorology, 132(1): 96-114.

Juárez RIN, Rocha HRD, Figueira AMSE, Goulden ML, Miller SD. 2009. An improved estimate of leaf area index based on the histogram analysis of hemispherical photographs. Agricultural and Forest Meteorology, 149: 920-928.

Jurik TW, Briggs GM, Gates DM. 1985. A comparison of four methods for determining leaf area index in successional hardwood forests. Canadian Journal of Forest Research, 15(6): 1154-1158.

Kalácska M, Calvo-Alvarado JC, Sanchez-Azofeifa GA. 2005. Calibration and assessment of seasonal changes in leaf area index of a tropical dry forest in different stages of succession. Tree

Physiology, 25(6): 733-744.

Karavin N. 2013. Effects of leaf and plant age on specific leaf area in deciduous tree species *Quercus cerris* L. var. *cerris*. Bangladesh Journal of Botany, 42(2): 301-306.

Kucharik C, Norman J, Murdock L, Gower S. 1997. Characterizing canopy nonrandomness with a multiband vegetation imager (MVI). Journal of Geophysical Research: Atmospheres (1984-2012), 102(D24): 29455-29473.

Kucharik CJ, Norman JM, Gower ST. 1998. Measurements of branch area and adjusting leaf area index indirect measurements. Agricultural and Forest Meteorology, 91(1-2): 69-88.

Kussner R, Mosandl R. 2000. Comparison of direct and indirect estimation of leaf area index in mature Norway spruce stands of eastern Germany. Canadian Journal of Forest Research, 30: 440-447.

Küßner R, Mosandl R. 2000. Comparison of direct and indirect estimation of leaf area index in mature Norway spruce stands of eastern Germany. Canadian Journal of Forest Research, 30(3): 440-447.

Lang A. 1986. Leaf-area and average leaf angle from transmission of direct sunlight. Australian Journal of Botany, 34(3): 349-355.

Lang A, Xiang YQ. 1986. Estimation of leaf area index from transmission of direct sunlight in discontinuous canopies. Agricultural and Forest Meteorology, 37(3): 229-243.

Le Dantec V, Dufrêne E, Saugier B. 2000. Interannual and spatial variation in maximum leaf area index of temperate deciduous stands. Forest Ecology and Management, 134(1-3): 71-81.

Leblanc S, Fournier R. 2014. Hemispherical photography simulations with an architectural model to assess retrieval of leaf area index. Agricultural and Forest Meteorology, 194: 64-76.

Leblanc SG. 2002. Correction to the plant canopy gap-size analysis theory used by the Tracing Radiation and Architecture of Canopies instrument. Applied Optics, 41(36): 7667-7670.

Leblanc SG, Chen JM. 2001. A practical scheme for correcting multiple scattering effects on optical LAI measurements. Agricultural and Forest Meteorology, 110(2): 125-139.

Leblanc SG, Chen JM, Fernandes R, Deering DW, Conley A. 2005. Methodology comparison for canopy structure parameters extraction from digital hemispherical photography in boreal forests. Agricultural and Forest Meteorology, 129(3-4): 187-207.

Leverenz JW, Hinckley TM. 1990. Shoot structure, leaf area index and productivity of evergreen conifer stands. Tree Physiology, 6(2): 135-149.

Lewandowska M, Jarvis PG. 1977. Changes in chlorophyll and carotenoid content, specific leaf area and dry weight fraction in Sitka spruce, in response to shading and season. New Phytologist, 79(2): 247-256.

Li C. 1992. LAI-2000 Plant Canopy Analyser. Instruction Manual. Lincoln, NE, USA: LICOR.

L₁ H, Reynolds J. 1995. On definition and quantification of heterogeneity. Oikos, 73(2): 280-284.

Liu FD, Yang WJ, Wang ZS, Xu Z, Liu H, Zhang M, Liu YH, An SQ, Sun SC. 2010. Plant size effects on the relationships among specific leaf area, leaf nutrient content, and photosynthetic capacity in tropical woody species. Acta Oecologica-international Journal of Ecology, 36(2): 149-159.

Liu J, Pattey E, Admiral S. 2013. Assessment of in situ crop LAI measurement using unidirectional view digital photography. Agricultural and Forest Meteorology, 169: 25-34.

Liu ZL, Chen JM, Jin GZ, Qi YJ. 2015a. Estimating seasonal variations of leaf area index using litterfall collection and optical methods in four mixed evergreen-deciduous forests. Agricultural and Forest Meteorology, 209: 36-48.

Liu ZL, Jin GZ, Chen JM, Qi YJ. 2015b. Evaluating optical measurements of leaf area index against litter collection in a mixed broadleaved-Korean pine forest in China. Trees-Structure and Function, 29: 59-73.

Liu ZL, Jin GZ, Qi YJ. 2012. Estimate of leaf area index in an old-growth mixed broadleaved-Korean pine forest in northeastern china. PLoS One, 7(3): e32155.

Liu ZL, Jin GZ, Zhou M. 2015c. Evaluation and correction of optically derived leaf area index in different temperate forests. iForest-Biogeosciences and Forestry, 9: 55-62.

Liu ZL, Wang CK, Chen JM, Wang XC, Jin GZ. 2015d. Empirical models for tracing seasonal changes in leaf area index in deciduous broadleaf forests by digital hemispherical photography. Forest Ecology and Management, 351: 67-77.

Liu ZL, Wang XC, Chen JM, Wang CK, Jin GZ. 2015e. On improving the accuracy of digital hemispherical photography measurements of seasonal leaf area index variation in deciduous broadleaf forests. Canadian Journal of Forest Research, 45: 721-731.

Long WX, Zang RG, Schamp BS, Ding Y. 2011. Within- and among-species variation in specific leaf area drive community assembly in a tropical cloud forest. Oecologia, 167(4): 1103-1113.

Luo TX, Pan YD, Ouyang H, Shi PL, Luo J, Yu ZL, Lu Q. 2004. Leaf area index and net primary productivity along subtropical to alpine gradients in the Tibetan Plateau. Global Ecology and Biogeography, 13(4): 345-358.

Maass JM, Vose JM, Swank WT, Martinezyrizar A. 1995. Seasonal changes of leaf area index (LAI) in a tropical deciduous forest in west Mexico. Forest Ecology and Management, 74(1-3): 171-180.

Macfarlane C. 2011. Classification method of mixed pixels does not affect canopy metrics from digital images of forest overstorey. Agricultural and Forest Meteorology, 151(7): 833-840.

Macfarlane C, Coote M, White DA, Adams MA. 2000. Photographic exposure affects indirect estimation of leaf area in plantations of *Eucalyptus globulus* Labill. Agricultural and Forest

Meteorology, 100(2): 155-168.

Macfarlane C, Grigg A, Evangelista C. 2007a. Estimating forest leaf area using cover and fullframe fisheye photography: thinking inside the circle. Agricultural and Forest Meteorology, 146(1-2): 1-12.

Macfarlane C, Hoffman M, Eamus D, Kerp N, Higginson S, McMurtrie R, Adams M. 2007b. Estimation of leaf area index in eucalypt forest using digital photography. Agricultural and Forest Meteorology, 143(3-4): 176-188.

Macfarlane C, Ryu Y, Ogden GN, Sonnentag O. 2014. Digital canopy photography: exposed and in the raw. Agricultural and Forest Meteorology, 197: 244-253.

Majasalmi T, Rautiainen M, Stenberg P, Lukeš P. 2013. An assessment of ground reference methods for estimating LAI of boreal forests. Forest Ecology and Management, 292: 10-18.

Majasalmi T, Rautiainen M, Stenberg P, Rita H. 2012. Optimizing the sampling scheme for LAI-2000 measurements in a boreal forest. Agricultural and Forest Meteorology, 154: 38-43.

Marron N, Dreyer E, Boudouresque E, Delay D, Petit JM, Delmotte FM, Brignolas F. 2003. Impact of successive drought and re-watering cycles on growth and specific leaf area of two *Populus* × *canadensis* (Moench) clones, 'Dorskamp' and 'Luisa_Avanzo'. Tree Physiology, 23(18): 1225-1235.

Marshall JD, Monserud RA. 2003. Foliage height influences specific leaf area of three conifer species. Canadian Journal of Forest Research, 33(1): 164-170.

Marshall JD, Waring RH. 1986. Comparison of methods of estimating leaf-area index in old-growth Douglas-fir. Ecology, 67(4): 975-979.

Mason EG, Diepstraten M, Pinjuv GL, Lasserre JP. 2012. Comparison of direct and indirect leaf area index measurements of *Pinus radiata* D. Don. Agricultural and Forest Meteorology, 166-167: 113-119.

Matsoukis A, Gasparatos D, Chronopoulou-Sereli A. 2007. Specific leaf area and leaf nitrogen concentration of *Lantana* in response to light regime and triazole treatment. Communications in Soil Science and Plant Analysis, 38(17-18): 2323-2331.

McCormack ML, Gaines KP, Pastore M, Eissenstat DM. 2015. Early season root production in relation to leaf production among six diverse temperate tree species. Plant and Soil, 389(1-2): 121-129.

McShane MC, Carlile DW, Hinds WT. 1993. The effect of collector size on forest litter-fall collection and analysis. Canadian Journal of Forest Research, 13: 1037-1042.

McWilliam ALC, Roberts J, Cabral O, Leitao M, de Costa A, Maitelli G, Zamparoni C. 1993. Leaf area index and above-ground biomass of terra firme rain forest and adjacent clearings in Amazonia. Functional Ecology, 7(3): 310-317.

Meziane D, Shipley B. 1999. Interacting determinants of specific leaf area in 22 herbaceous species: effects of irradiance and nutrient availability. Plant, Cell and Environment, 22(5): 447-459.

Miller JB. 1967. A formula for average foliage density. Australian Journal of Botany, 15(1): 141-144.

Misson L, Tu KP, Boniello RA, Goldstein AH. 2006. Seasonality of photosynthetic parameters in a multi-specific and vertically complex forest ecosystem in the Sierra Nevada of California. Tree Physiology, 26(6): 729-741.

Morrison IK. 1991. Effect of trap dimensions on litter fall collected in an *Acer saccharum* stand in northern Ontario. Canadian Journal of Forest Research, 21: 939-941.

Mussche S, Samson R, Nachtergale L, de Schrijver A, Lemeur R, Lust N. 2001. A comparison of optical and direct methods for monitoring the seasonal dynamics of leaf area index in deciduous forests. Silva Fennica, 35(4): 373-384.

Myneni RB, Ramakrishna R, Nemani R, Running SW. 1997. Estimation of global leaf area index and absorbed PAR using radiative transfer models. IEEE Transactions on Geoscience and Remote Sensing, 35(6): 1380-1393.

Nackaerts K. 2002. Modelling of leaf area index as a scaleintegrated indicator in forest monitoring. Ph. D. dissertation, Kuleuven, Belgium.

Nasahara KN, Muraoka H, Nagai S, Mikami H. 2008. Vertical integration of leaf area index in a Japanese deciduous broad-leaved forest. Agricultural and Forest Meteorology, 148(6-7): 1136-1146.

Neumann HH, den Hartog G, Shaw RH. 1989. Leaf area measurements based on hemispheric photographs and leaf-litter collection in a deciduous forest during autumn leaf-fall. Agricultural and Forest Meteorology, 45(3-4): 325-345.

Nilson T. 1971. A theoretical analysis of the frequency of gaps in plant stands. Agricultural Meteorology, 8: 25-38.

Norman JM, Jarvis PG. 1975. Photosynthesis in Sitka spruce (*Picea sitchensis* (Bong.) Carr.), Ⅲ, Measurement of canopy structure and interception of radiation. Journal of Application Ecology, 11: 375-398.

Nouvellon Y, Laclau JP, Epron D, Kinana A, Mabiala A, Roupsard O, Bonnefond JM, Le Maire G, Marsden C, Bontemps JD. 2010. Within-stand and seasonal variations of specific leaf area in a clonal *Eucalyptus* plantation in the Republic of Congo. Forest Ecology and Management, 259(9): 1796-1807.

Oker-Blom P. 1986. Photosynthetic radiation regime and canopy structure in modeled forest stands. Acta Forestaia Fennica, 197: 1-44.

Olivas PC, Oberbauer SF, Clark DB, Clark DA, Ryan MG, O'Brien JJ, Ordoñez H. 2013. Comparison of direct and indirect methods for assessing leaf area index across a tropical rain forest landscape. Agricultural and Forest Meteorology, 177: 110-116.

Pensa M, Sellin A. 2002. Needle longevity of Scots pine in relation to foliar nitrogen content, specific leaf area and shoot growth in different forest types. Canadian Journal of Forest Research-Revue Canadienne De Recherche Forestiere, 32(7): 1225-1231.

Penuelas J, Matamala R. 1990. Changes in N and S leaf content, stomatal density and specific leaf-area of 14 plant-species during the Last 3 Centuries of CO_2 Increase. Journal of Experimental Botany, 41(230): 1119-1124.

Pierce LL, Running SW. 1988. Rapid estimation of coniferous forest leaf area index using a portable integrating radiometer. Ecology, 69(6): 1762-1767.

Pinto-Júnior O, Sanches L, de Almeida Lobo F, Brandão A, de Souza Nogueira J. 2011. Leaf area index of a tropical semi-deciduous forest of the southern Amazon Basin. International Journal of Biometeorology, 55(2): 109-118.

Potithep S, Nagai S, Nasahara KN, Muraoka H, Suzuki R. 2013. Two separate periods of the LAI-VIs relationships using in situ measurements in a deciduous broadleaf forest. Agricultural and Forest Meteorology, 169: 148-155.

Qi YJ, Jin GZ, Liu ZL. 2013. Optical and litter collection methods for measuring leaf area index in an old-growth temperate forest in northeastern China. Journal of Forest Research, 18(5): 430-439.

Qi YJ, Li FR, Liu ZL, Jin GZ. 2014. Impact of understorey on overstorey leaf area index estimation from optical remote sensing in five forest types in northestern China. Agricultural and Forest Meteorology, 198-199: 72-80.

Raffy M, Soudani K, Trautmann J. 2003. On the variability of the LAI of homogeneous covers with respect to the surface size and application. International Journal of Remote Sensing, 24(10): 2017- 2035.

Reich PB, Frelich LE, Voldseth RA, Bakken P, Adair C. 2012. Understorey diversity in southern boreal forests is regulated by productivity and its indirect impacts on resource availability and heterogeneity. Journal of Ecology, 100: 539-545.

Reich PB, Walters MB, Ellsworth DS. 1991. Leaf development and season influence the relationships between leaf nitrogen, leaf mass per area and photosynthesis in maple and oak trees. Plant, Cell and Environment, 14: 251-259.

Rich P. 1990. Characterizing plant canopies with hemispherical photographs. Remote Sensing Reviews, 5(1): 13-29.

Rich PM, Clark DB, Clark DA, Oberbauer SF. 1993. Long-term study of solar radiation regimes in a tropical wet forest using quantum sensors and hemispherical photography. Agricultural and Forest Meteorology, 65: 107-127.

Richardson AD, Dail DB, Hollinger DY. 2011. Leaf area index uncertainty estimates for model-data fusion applications. Agricultural and Forest Meteorology, 151(9): 1287-1292.

Richardson AD, Keenan TF, Migliavacca M, Ryu Y, Sonnentag O, Toomey M. 2013. Climate change, phenology, and phenological control of vegetation feedbacks to the climate system. Agricultural and Forest Meteorology, 169: 156-173.

Ross J. 1981. The Radiation Regime and Architecture of Plant Stands. The Hague: Junk: 391.

Ross J, Kellomäki S, Oker-Blom P, Ross V, Vilikainen L. 1986. Architecture of Scots pine crown: phytometrical characteristics of needles and shoots. Silva Fennica (Finland), 19: 91-105.

Rossi RE, Mulla DJ, Journel AG, Franz EH. 1992. Geostatistical tools for modeling and interpreting ecological spatial dependence. Ecological Monographs, 62(2): 277-314.

Running SW, Coughlan JC. 1988. A general model of forest ecosystem processes for regional applications I. Hydrologic balance, canopy gas exchange and primary production processes. Ecological Modelling, 42(2): 125-154.

Ryu Y, Nilson T, Kobayashi H, Sonnentag O, Law BE, Baldocchi DD. 2010a. On the correct estimation of effective leaf area index: does it reveal information on clumping effects? Agricultural and Forest Meteorology, 150(3): 463-472.

Ryu Y, Sonnentag O, Nilson T, Vargas R, Kobayashi H, Wenk R, Baldocchi DD. 2010b. How to quantify tree leaf area index in an open savanna ecosystem: a multi-instrument and multi-model approach. Agricultural and Forest Meteorology, 150(1): 63-76.

Ryu Y, Verfaillie J, Macfarlane C, Kobayashi H, Sonnentag O, Vargas R, Ma S, Baldocchi DD. 2012. Continuous observation of tree leaf area index at ecosystem scale using upward-pointing digital cameras. Remote Sensing of Environment, 126: 116-125.

Sampson DA, Albaugh TJ, Johnsen KH, Allen HL, Zarnoch SJ. 2003. Monthly leaf area index estimates from point-in-time measurements and needle phenology for *Pinus taeda*. Canadian Journal of Forest Research-Revue Canadienne De Recherche Forestiere, 33(12): 2477-2490.

Savoy P, Mackay DS. 2015. Modeling the seasonal dynamics of leaf area index based on environmental constraints to canopy development. Agricultural and Forest Meteorology, 200: 46-56.

Schulze ED, Turner NC, Nicolle D, Schumacher J. 2006. Species differences in carbon isotope ratios, specific leaf area and nitrogen concentrations in leaves of *Eucalyptus* growing in a common garden compared with along an aridity gradient. Physiologia Plantarum, 127(3): 434-444.

Seidel D, Fleck S, Leuschner C. 2012. Analyzing forest canopies with ground-based laser scanning: a comparison with hemispherical photography. Agricultural and Forest Meteorology, 154: 1-8.

Sellin A, Kupper P. 2006. Spatial variation in sapwood area to leaf area ratio and specific leaf area within a crown of silver birch. Trees-Structure and Function, 20(3): 311-319.

Simioni G, Gignoux J, Le Roux X, Appe R, Benest D. 2004. Spatial and temporal variations in leaf area index, specific leaf area and leaf nitrogen of two co-occurring savanna tree species. Tree Physiology, 24(2): 205-216.

Smettem K, Waring R, Callow N, Wilson M, Mu Q. 2013. Satellite-derived estimates of forest leaf area index in south west Western Australia are not tightly coupled to inter-annual variations in rainfall: implications for groundwater decline in a drying climate. Global Change Biology, 19 (8): 2401-2412.

Smith FW, Sampson DA, Long JN. 1991. Comparison of leaf area index estimates from tree allometrics and measured light interception. Forest Science, 37(6): 1682-1688.

Smith N, Chen J, Black T. 1993. Effects of clumping on estimates of stand leaf area index using the LI-COR LAI-2000. Canadian Journal of Forest Research, 23(9): 1940-1943.

Song GZM, Doley D, Yates D, Chao KJ, Hsieh CF. 2013. Improving accuracy of canopy hemispherical photography by a constant threshold value derived from an unobscured overcast sky. Canadian Journal of Forest Research, 44(1): 17-27.

Sonnentag O, Talbot J, Chen JM, Roulet NT. 2007. Using direct and indirect measurements of leaf area index to characterize the shrub canopy in an ombrotrophic peatland. Agricultural and Forest Meteorology, 144(3-4): 200-212.

Sprintsin M, Cohen S, Maseyk K, Rotenberg E, Grünzweig J, Karnieli A, Berliner P, Yakir D. 2011. Long term and seasonal courses of leaf area index in a semi-arid forest plantation. Agricultural and Forest Meteorology, 151(5): 565-574.

Staelens J, Nachtergale L, Luyssaert S. 2004. Predicting the spatial distribution of leaf litterfall in a mixed deciduous forest. Forest Science, 50(6): 836-847.

Thimonier A, Sedivy I, Schleppi P. 2010. Estimating leaf area index in different types of mature forest stands in Switzerland: a comparison of methods. European Journal of Forest Research, 129(4): 543-562.

Thomas SC, Winner WE. 2000. Leaf area index of an old-growth Douglas-fir forest estimated from direct structural measurements in the canopy. Canadian Journal of Forest Research, 30(12): 1922-1930.

Tillack A, Clasen A, Kleinschmit B, Förster M. 2014. Estimation of the seasonal leaf area index in an alluvial forest using high-resolution satellite-based vegetation indices. Remote Sensing of Environment, 141: 52-63.

Topping J. 1972. Errors of observation and their treatment. London, England: Chapman and Hall.

van Gardingen PR, Jackson GE, Hernandez-Daumas S, Russell G, Sharp L. 1999. Leaf area index estimates obtained for clumped canopies using hemispherical photography. Agricultural and Forest Meteorology, 94(3-4): 243-257.

Viro P. 1955. Investigations on forest litter. Communicationes instituti forestalis fenniae, 45(6): 1-65.

von Arx G, Pannatier EG, Thimonier A, Rebetez M. 2013. Microclimate in forests with varying leaf area index and soil moisture: potential implications for seedling establishment in a changing climate. Journal of Ecology, 101(5): 1201-1213.

Wagner S. 1998. Calibration of grey values of hemispherical photographs for image analysis. Agricultural and Forest Meteorology, 90(1-2): 103-117.

Walter JMN, Jonckheere I. 2010. Image analysis of hemispherical photographs: algorithms and calculations. *In*: Fournier R A, Hall R J. Hemispherical Photography for Forestry: Theory, Methods, Applications. Netherlands: Kluwer.

Wang C. 2006. Biomass allometric equations for 10 co-occurring tree species in Chinese temperate forests. Forest Ecology and Management, 222(1): 9-16.

Wang Q, Tenhunen J, Dinh NQ, Reichstein M, Otieno D, Granier A, Pilegarrd K. 2005. Evaluation of seasonal variation of MODIS derived leaf area index at two European deciduous broadleaf forest sites. Remote Sensing of Environment, 96(3): 475-484.

Wang X, Janssens IA, Curiel Yuste J, Ceulemans R. 2006. Variation of specific leaf area and upscaling to leaf area index in mature Scots pine. Trees-Structure and Function, 20(3): 304-310.

Wang YS, Miller D. 1987. Calibration of the hemispherical photographic technique to measure leaf area index distributions in hardwood forests. Forest Science, 33: 110-126.

Watson D. 1947. Comparative physiological studies on the growth of field crops: Ⅰ. Variation in net assimilation rate and leaf area between species and varieties, and within and between years. Annals of Botany, 11(1): 41-76.

Weiss M. 2002. EYE-CAN User Guide. NOV-3075-NT-1260. Toulouse, France: NOVELTIS.

Weiss M, Baret F, Smith G, Jonckheere Ⅰ, Coppin P. 2004. Review of methods for in situ leaf area index (LAI) determination: Part Ⅱ. Estimation of LAI, errors and sampling. Agricultural and Forest Meteorology, 121(1): 37-53.

Whitford K, Colquhoun I, Lang A, Harper B. 1995. Measuring leaf area index in a sparse eucalypt forest: a comparison of estimates from direct measurement, hemispherical photography, sunlight transmittance and allometric regression. Agricultural and Forest Meteorology, 74(3-4): 237-249.

Whittaker R, Woodwell G. 1967. Surface area relations of woody plants and forest communities. American Journal of Botany, 54(8): 931-939.

Wilson JW. 1960. Inclined point quadrats. New Phytologist, 59(1): 1-7.

Wilson KB, Baldocchi DD, Hanson PJ. 2000. Spatial and seasonal variability of photosynthetic parameters and their relationship to leaf nitrogen in a deciduous forest. Tree Physiology, 20(9): 565-578.

Wuytack T, Wuyts K, van Dongen S, Baeten L, Kardel F, Verheyen K, Samson R. 2011. The effect of air pollution and other environmental stressors on leaf fluctuating asymmetry and specific leaf area of *Salix alba* L. Environmental Pollution, 159(10): 2405-2411.

Xiao ZQ, Wang JD, Liang SL, Zhou HM, Li XJ, Zhang LQ, Jiao ZT, Liu Y, Fu Z. 2012. Variational retrieval of leaf area index from MODIS time series data: examples from the Heihe river basin, north-west China. International Journal of Remote Sensing, 33(3): 730-745.

Yin XW. 2002. Responses of leaf nitrogen concentration and specific leaf area to atmospheric CO_2 enrichment: a retrospective synthesis across 62 species. Global Change Biology, 8(7): 631-642.

Zhang G, Ganguly S, Nemani RR, White MA, Milesi C, Hashimoto H, Wang W, Saatchi S, Yu Y, Myneni RB. 2014. Estimation of forest aboveground biomass in California using canopy height and leaf area index estimated from satellite data. Remote Sensing of Environment, 151: 44-56.

Zhang Y, Chen JM, Miller JR. 2005. Determining digital hemispherical photograph exposure for leaf area index estimation. Agricultural and Forest Meteorology, 133(1-4): 166-181.

Zou J, Yan G, Zhu L, Zhang W. 2009. Woody-to-total area ratio determination with a multispectral canopy imager. Tree Physiology, 29(8): 1069-1080.